高职化工类
模块化系列教材

化工企业事故应急处理

刘德志　主　编
韩宗　史焕地　副主编

化学工业出版社
· 北京 ·

内 容 简 介

《化工企业事故应急处理》借鉴了德国职业教育"双元制"教学的特点，以模块化教学的形式进行编写。全书包含化工企业生产事故应急处置与现场急救认知、常见化工工艺安全实训装置认知、常见化工工艺安全实训装置操作、化工企业生产应急处理四个模块。本书依托危险化学品实训装置，针对化工生产中典型工艺（如 PVC 聚合工艺）、典型事故（如火灾、中毒等），开展应急救援，理实一体化、强调实践，着重培养学生安全意识和良好的安全行为习惯，提升事故的应急处理能力，为其进入化工企业从事化工生产操作和安全生产管理工作打下坚实的职业基础。

本书可作为高等职业教育化工技术类专业师生教学用书。

图书在版编目（CIP）数据

化工企业事故应急处理/刘德志主编；韩宗，史焕地副主编. —北京：化学工业出版社，2024.5
ISBN 978-7-122-43625-2

Ⅰ.①化… Ⅱ.①刘…②韩…③史… Ⅲ.①化工企业-生产事故-处理-教材 Ⅳ.①TQ086

中国国家版本馆 CIP 数据核字（2023）第 104301 号

责任编辑：王海燕 提 岩　　　　　　　　文字编辑：杨凤轩 师明远
责任校对：边 涛　　　　　　　　　　　装帧设计：王晓宇

出版发行：化学工业出版社（北京市东城区青年湖南街 13 号　邮政编码 100011）
印　　装：河北延风印务有限公司
787mm×1092mm　1/16　印张 12¼　字数 296 千字　2024 年 6 月北京第 1 版第 1 次印刷

购书咨询：010-64518888　　　　　　　　　售后服务：010-64518899
网　　址：http://www.cip.com.cn
凡购买本书，如有缺损质量问题，本社销售中心负责调换。

定　　价：45.00 元　　　　　　　　　　　　　　　　版权所有　违者必究

高职化工类模块化系列教材
编 审 委 员 会 名 单

顾　　　问：于红军

主 任 委 员：孙士铸

副主任委员：刘德志　辛　晓　陈雪松

委　　　员：李萍萍　李雪梅　王　强　王　红
　　　　　　韩　宗　刘志刚　李　浩　李玉娟
　　　　　　张新锋

序

目前，我国高等职业教育已进入高质量发展时期，《国家职业教育改革实施方案》明确提出了"三教"（教师、教材、教法）改革的任务。三者之间，教师是根本，教材是基础，教法是途径。东营职业学院石油化工技术专业群在实施"双高计划"建设过程中，结合"三教"改革进行了一系列思考与实践，具体包括以下几方面：

1. 进行模块化课程体系改造

坚持立德树人，基于国家专业教学标准和职业标准，围绕提升教学质量和师资综合能力，以学生综合职业能力提升、职业岗位胜任力培养为前提，持续提高学生可持续发展和全面发展能力。将德国化工工艺员职业标准进行本土化落地，根据职业岗位工作过程的特征和要求整合课程要素，专业群公共课程与专业课程相融合，系统设计课程内容和编排知识点与技能点的组合方式，形成职业通识教育课程、职业岗位基础课程、职业岗位课程、职业技能等级证书（1+X证书）课程、职业素质与拓展课程、职业岗位实习课程等融理论教学与实践教学于一体的模块化课程体系。

2. 开发模块化系列教材

结合企业岗位工作过程，在教材内容上突出应用性与实践性，围绕职业能力要求重构知识点与技能点，关注技术发展带来的学习内容和学习方式的变化；结合国家职业教育专业教学资源库建设，不断完善教材形态，对经典的纸质教材进行数字化教学资源配套，形成"纸质教材+数字化资源"的新形态一体化教材体系；开展以在线开放课程为代表的数字课程建设，不断满足"互联网+职业教育"的新需求。

3. 实施理实一体化教学

组建结构化课程教学师资团队，把"学以致用"作为课堂教学的起点，以理实一体化实训场所为主，广泛采用案例教学、现场教学、项目教学、讨论式教学等行动导向教学法。教师通过知识传授和技能培养，在真实或仿真的环境中进行教学，引导学生将有用的知识和技能通过反复学习、模仿、练习、实践，实现"做中学、学中做、边做边学、边学边做"，使学生将最新、最能满足企业需要的知识、能力和素养吸收、固化成为自己的学习所得，内化于心、外化于行。

本次高职化工类模块化系列教材的开发，由职教专家、企业一线技术人员、专业教师联合组建系列教材编委会，进而确定每本教材的编写工作组，实施主编负责制，结合化工行业企业工作岗位的职责与操作规范要求，重新梳理知识点与技能点，把职业岗位工作过程与教学内容相结合，进行模块化设计，将课程内容按知识、能力和素质，编排为合理的课程模块。

本套系列教材的编写特点在于以学生职业能力发展为主线，系统规划了不同阶段化工类专业培养对学生的知识与技能、过程与方法、情感态度与价值观等方面的要求，体现了专业教学内容与岗位资格相适应、教学要求与学习兴趣培养相结合，基于实训教学条件建设将理论教学与实践操作真正融合。教材体现了学思结合、知行合一、因材施教，授课教师在完成基本教学要求的情况下，也可结合实际情况增加授课内容的深度和广度。

本套系列教材的内容，适合高职学生的认知特点和个性发展，可满足高职化工类专业学生不同学段的教学需要。

高职化工类模块化系列教材编委会

2021 年 1 月

前言

化工企业的生产过程中涉及的物料多具有易燃、易爆、有毒、有害等特性，存在多种事故隐患。火灾、爆炸、中毒、泄漏等事故一旦发生，往往会造成严重的人员伤亡和财产损失。化工企业事故应急处理不仅是保障企业生产安全的重要环节，更是维护社会公共安全与稳定的关键举措。因此，安全生产成为企业的主体责任，对于化工企业来说，建立健全的事故应急处理体系至关重要。这不仅需要企业制定科学的应急预案，还需要员工具备相应的应急处理知识和技能。

本教材依托危险化学品实训装置，针对化工生产中典型工艺［如聚氯乙烯（PVC）聚合工艺］、典型事故（如火灾、中毒等），开展应急救援。教材内容理实一体化、强调实践，着重培养学生安全意识和良好的安全行为习惯，提升应对事故的应急能力，为其进入化工企业从事化工生产操作和安全生产管理工作打下坚实的基础。

本书由东营职业学院刘德志主编，东营职业学院韩宗、史焕地副主编。模块一由韩宗、秦皇岛博赫科技开发有限公司王彦负责编写，模块二由刘德志、史焕地负责编写，模块三由史焕地、东营职业学院王丽负责编写，模块四由东营职业学院张盼盼、王伟成负责编写。全书由史焕地、王伟成统稿，并由东营职业学院孙士铸主审。

本书在编写过程中得到秦皇岛博赫科技开发有限公司的大力支持，在此表示感谢。

由于水平所限，书中难免存在不当之处，敬请读者批评指正。

编者

2024 年 2 月

目录

模块四

化工企业生产应急处理　/171

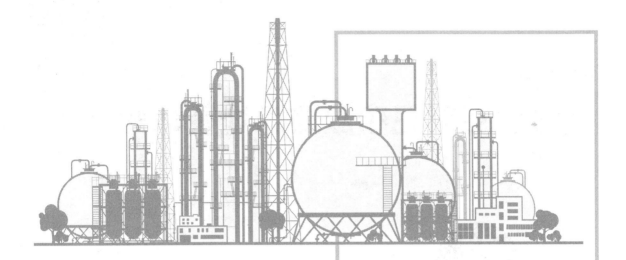

模块一

化工企业生产事故应急处置与现场急救认知

化学工业在我国的国民经济中占有重要地位，是我国国民经济中的基础产业和支柱产业之一。化学品广泛用于化工、化学制药、轻工（食品、造纸）等多个行业以及教育、科研、医疗等领域，人们的日常生活离不开化学品。目前世界上已发现的化学品超过1000万种，其中列入《中国现有化学物质名录》（2013版）的化学品约4.5万种，列入《危险化学品目录》（2022调整版）的危险化学品有2828种，列入《剧毒化学品目录（2015版）》的剧毒化学品有148种。

化工企业生产过程中的原料、中间产物、产品中大部分化学品都具有易燃、易爆、有毒有害的危险特性，会对人（包括其他生物）、设备、环境造成伤害或侵害。同时化工生产具有易燃、易爆、易中毒、高温、高压、有腐蚀等特点，因而较其他工业部门有更大的危险性。

项目一
化工企业常见事故应急处置认知

1. 了解化工企业常见事故；
2. 熟悉化工生产事故特点；
3. 熟悉化工企业典型事故应急处置方法。

任务一　化工企业常见事故案例分析

案例导引

2021 年化工事故统计分析

　　2021 年，全国共发生化工事故 122 起、死亡 150 人，同比减少 22 起、28 人，分别下降 15.3%、15.7%，比 2019 年减少 42 起、124 人，分别下降 25.6%、45.3%。从事故类型的分布情况看，中毒和窒息事故起数最多，其次是爆炸和高处坠落；从事故死亡人数看，爆炸事故死亡人数最多，其次是中毒和窒息、高处坠落事故，三类事故共计占到全年总事故起数和死亡总人数的 48.9% 和 66%。因此，中毒和窒息、爆炸、高处坠落是化工事故的防范重点，爆炸事故中要着力防范化学爆炸事故。

一、化工事故分类

化工生产中涉及大量危险化学品，一种或数种危险化学品或其能量意外释放会造成人身伤亡、财产损失或环境污染事故，此类事故后果通常表现为人员伤亡、财产损失或环境污染以及它们的组合。

从事故理化表现，可分为四类：

（1）火灾事故；

（2）爆炸事故；

（3）泄漏事故；

（4）其他危险化学品事故。

常见化工事故类型见表 1-1。

表 1-1　常见化工事故类型

事故类型	事故情景	事发区域		情景可能性
		危害因素	设备设施	
泄漏	毒气/可燃气体/液化气泄漏	中毒窒息	管线、泵、压缩机、各种可燃气体/液化气容器	较高
火灾	高温高压易燃液体/可燃气体/液化气泄漏	烧伤、热辐射	压力管线、压力容器、压力储罐	较高
	立式储罐掀顶形成罐顶池火	热辐射	立式可燃液体容器	低
	容器破裂,在防液堤范围内形成防液堤范围的池火	热辐射	各种可燃液体储罐	较低
	储罐事故性破裂，液体冲垮或溢出防液堤，形成大范围的池火	烧伤、热辐射	各种可燃液体储罐	低
爆炸	可燃气体/液化气泄漏	烧伤、热辐射、冲击波	管线、泵、压缩机、各种可燃气体/液化气容器	较低
	沸腾液体蒸气扩散、爆炸	热辐射	液化气储罐	低
	充装过量、容器缺陷等导致的超压爆炸	冲击波	压力容器	较高
	反应器内出现热失控反应	冲击波	可能存在热失控反应的反应器	较高

二、化工事故特点

化工事故具有以下几个特点。

1. 突发性

化工事故往往是在没有先兆的情况下突然发生的，而不需要一段时间的酝酿。

2. 延时性

化工事故中危险化学品中毒的后果，有的在当时并没有明显地表现出来，而是在几个小时甚至几天以后严重起来。

3. 长期性

化学品对环境的污染有时极难消除，因而对环境和人的危害是长期的。

4. 严重性

化工事故往往造成惨重的人员伤亡和巨大的经济损失，影响社会稳定。

任务二　化工典型事故应急处置认知

案例导引

2019年4月24日，某化工有限责任公司氯乙烯球罐泄漏，氯乙烯扩散至电石冷却车间，遇火源发生燃爆，造成4人死亡、3人重伤、33人轻伤，直接经济损失4154万元。

24日2时43分，该化工公司安委会主任杨某启动公司级综合事故应急救援预案，对厂区员工进行紧急疏散，向县政府和应急管理部门报告事故情况，并建议立即疏散周边居民；24日2时50分左右，化工公司有关人员拨打市"119"报警请求救援；24日3时20分拨打"120"请求救治伤员，厂区管理人员对本厂区受伤人员进行初步救治，同时对失联人员展开搜救工作。消防支队指挥中心接到报警后，立即调派消防队3车14人赶赴现场，随即调集救援队4个中队以及战勤保障大队共计21辆消防车、83名消防指战员赶赴事故现场，迅速划定警戒区域实施警戒，全力展开搜救、灭火。同时向自治区消防救援总队指挥中心报告，自治区消防救援总队立即启动跨区域灭火救援预案，调派其他支队8车29人前往现场增援。24日4时20分左右所有伤员被送至医院救治。公安部门调动300余名警力开展外围警戒、治安、交通秩序维护以及疏散群众等工作。公司所在地县委宣传部门及时向新华社传送新闻通稿，新华社于24日9时20分发布事故初步情况。县政府根据现场救援情况，通过微信公众号、电视台、政府网站等途径发布了关于某化工有限责任公司燃爆事故的公告，正确引导社会舆论。生态环境部门启动环境监测应急预案，共布设各类监测点位53个，采集各类指标数据700多项次，经检测，事故周边大气、土壤、水等各项环境指标均无明显异常，居民饮用水符合国家规定标准。针对事故现场氯乙烯球罐着火点与2000m³的氯乙烯球罐相连，存在重大险情的情况，经企业人员、消防人员、专家、各级政府、各有关部门人员共同议定，在确保氯乙烯球罐安全的前提下，制定了喷淋降温冷却、关闭阀门、盲板隔离、灭火的现场处置方案，经四昼夜的努力，共为氯乙烯车间精馏系统加装盲板8块，氯乙烯球罐加装盲板9块、盲法兰6块，实现对氯乙烯球罐、转化与精馏装置的完全隔离。截至4月28日16时38分，现场明火全部扑灭，未发生次生灾害。

相关知识

一、火灾、爆炸事故应急处置

在化工生产过程中因误操作、设备失修腐蚀、工艺失控等会导致事故发生，易燃易爆物料泄漏会引发火灾爆炸，还会对周围的人员、设备、建筑物构成极大的威胁，造成人员伤亡、财产损失。

依据"安全第一、预防为主、综合治理"的原则，化工企业应建立危险目标监控三级监控系统，并建立专项应急预案和厂级综合预案。当发生事故时现场操作人员和各级管理人员按应急预案的要求进行事故报告和救援。

（一）火灾、爆炸事故应急处置程序

① 发生事故后，现场人员应立即向应急指挥中心报告，说明事故发生地点、事故的严重程度和影响范围、已采取的控制措施和有效性。在确保个人安全的条件下，首先抢救中毒、受伤人员，设置危险警示标识，隔离污染区域，限制人员、车辆进入，尽可能切断火源、堵塞、转移泄漏源，使用配备的工具对泄漏物进行处置、收集，或使用灭火器材进行灭火。

② 应急小组人员接到报警后，应及时向安监、消防、医疗卫生等机构报告事故情况（发生泄漏、火灾的物质、地点和原因，人员伤亡、环境污染情况，以及现场已采取的处置措施和处置效果等），如需外部救援时应立即请示。

③ 应急小组成员根据各自的职责、分工，按组长的命令，迅速、有序地组织落实对现场人员的指导或向相关部门请求救援等。

④ 社会应急救援机构队伍到达事故现场后，厂应急救援人员应服从应急救援机构的统一指挥，主动提供技术服务，协助事故现场警戒、现场隔离和现场保护，积极参与抢险救护，如有中毒、灼伤人员应尽快将其撤离事故现场，交由救护人员送往当地医院治疗。

⑤ 发生爆炸事故无能力控制或已造成损失时，在报告主管部门、消防部门后，组织人员警戒，疏散人员，保护现场。

（二）火灾、爆炸事故现场应急处理

① 迅速扑救初期火灾，关闭火灾部位的上下游阀门，切断进入火灾事故地点的一切物料；

② 应迅速查明燃烧范围、燃烧物品及其周围物品的品名和主要危险特性、火势蔓延的主要途径，燃烧的危险化学品及燃烧产物是否有毒；

③ 先控制，后消灭，针对危险化学品火灾的火势发展蔓延快和燃烧面积大的特点，防止火灾危及相邻设施；

④ 应迅速组织力量及时搬离火场周围的易爆易燃品，使火区周边形成一个隔离带；

⑤ 扑救人员应占领上风或侧风阵地进行灭火，并有针对性地采取自我防护措施，如佩戴防护面具、穿戴专用防护服等；

⑥ 对有可能发生爆炸、爆裂、喷溅等特别危险需紧急撤离的情况，应按照统一的撤离信号和撤离方法及时撤离；

⑦ 火灾扑灭后，仍然要派人监护现场，消灭余火；

⑧ 采取一切可能的措施，全力制止再次爆炸；

⑨ 扑救火灾时应注意不可盲目行动，应针对不同化学品，选择正确的灭火剂和灭火方法；

⑩ 事故可能扩大后的应急措施：请求社会救援，对于受伤人员，拨打"120"急救，消防灭火请当地消防部门支援，安排专人组织周边居民、无关人员转移至安全地带。

二、泄漏、中毒事故应急处置

当危险化学品发生泄漏时，尤其是在常温常压下的气态和易挥发的物质，其产生的有毒气体能造成作业人员急性中毒，还会迅速扩散到生产区域以外的场所，造成人畜中毒、植物枯死等灾害性事故。如不采取任何应急处理措施，遇明火将发生火灾、爆炸事故，造成设备损坏、财产损失、人员伤亡等后果；如遇大风天气，火势蔓延，将引起更大的火灾，对周边环境产生重大的危害。

（一）泄漏、中毒事故处置程序

① 根据安全操作规程的技术要求，先采取紧急措施进行初步处理，把事故消灭在萌芽状态，一旦发生事故，立即启动应急预案。

② 现场作业人员或最早发现者应在第一时间紧急处理，停止进出料。同时向值班室汇报，并准确地报告事故发生的地点、时间和现场状况以及事故造成的危害程度等情况。

③ 有关人员按职责进入紧急状态，根据事故状态及危害程度做出相应的应急决定，并立即开展救援，如事故扩大时，应请求相关单位支援。

④ 事故现场消防人员应佩戴好相关劳保用品，首先检查事故现场有无昏厥、中毒、烧伤和烫伤人员，以最快速度将伤者带出现场，严重者应尽快送往医院救治。

⑤ 根据危险品中毒事故场所、设施情况及情况的分析，确定事故现场人员的疏散地点、撤离方向、方式及方法，并带领现场需疏散的人员撤离现场。

⑥ 当事故得到控制，立即成立专门工作小组，对事故进行调查，对现场设备进行修复，尽早恢复生产。

（二）泄漏事故现场应急处理

1. 泄漏事故处置程序

① 发现危险化学品泄漏时，疏散无关人员，隔离泄漏污染区。如果泄漏物是易燃品，则必须立即消除泄漏污染区域内的各种火源，并立即向上级报告。

② 如果是易燃易爆化学品大量泄漏，值班领导应立即上报应急指挥部，应急救援小组立即赶赴现场，同时拨打"119"报警，请求消防专业人员救援，要保护、控制好现场。

③ 生产过程中发生泄漏，可通过关闭相关阀门，切断与之相连的设备、管线，停止作业，或改变工艺流程等方法来控制化学品的泄漏；容器发生泄漏，应根据实际情况，采取措施堵塞和修补裂口，制止进一步泄漏。

另外，要防止泄漏物扩散殃及周围的建筑物、车辆及人群；万一控制不住泄漏，要及时处置泄漏物，严密监视，以防火灾和爆炸。

2. 泄漏物的处置

要及时将现场的泄漏物进行安全可靠处置。

（1）气体泄漏物处置

应急处理人员要做的是止住泄漏，如果可能的话，用合理的通风使其扩散不至于积聚，或者喷洒雾状水使之液化后进行处理。

（2）液体泄漏物处置

对于少量的液体泄漏，可用沙土或其他不燃吸附剂吸附，收集于容器内后进行处理。

而大量液体泄漏后四处蔓延扩散，难以收集处理，可以采用筑堤堵截或者引流到安全地点。为降低泄漏物向大气的蒸发，可用泡沫或其他覆盖物进行覆盖，在其表面形成覆盖后，抑制其蒸发，然后进行转移处理。

（3）固体泄漏物处置

用适当的工具收集泄漏物，然后用水冲洗被污染的地面。

3. 个人的防护

参与泄漏处理的人员应对泄漏物的化学性质和反应特征有充分的了解，要于高处和上风处进行处理，严禁单独行动，要有监护人。必要时要用水枪（雾状水）掩护。要根据泄漏物的性质和毒物接触形式，选择适当的防护用品，防止事故处理过程中发生伤亡、中毒事故。

4. 排除险情

（1）禁火抑爆

迅速清除警戒区内所有火源、电源、热源和与泄漏物化学性质相抵触的物品，加强通风，防止引起燃烧爆炸。

（2）稀释驱散

在泄漏储罐、容器或管道的四周设置喷雾水枪，用大量的喷雾水、开花水流进行稀释，抑制泄漏物漂流方向和飘散高度。室内加强自然通风和机械排风。

（3）中和吸收

在高浓度液氨泄漏区，可喷含盐酸的雾状水中和、稀释、溶解，构筑围堤或挖坑收容产生的大量废水。

（4）关阀断源

安排熟悉现场的操作人员关闭泄漏点上下游阀门和进料阀门，切断泄漏途径，在处理过程中，应使用雾状水和开花水配合完成。

（5）器具堵漏

使用堵漏工具和材料对泄漏点进行堵漏处理。

（6）倒罐转移

液氨储罐发生泄漏，在无法堵漏的情况下，可将泄漏储罐内的液氨倒入备用储罐或液氨槽车。

5. 洗消

（1）筑堤堵截

筑堤堵截泄漏液体或者引流到安全地点，储罐区发生液体泄漏时，要及时关闭雨水阀，防止物料沿明沟外流。

（2）稀释与覆盖

对于一氧化碳、氢气、硫化氢等气体泄漏，为降低大气中气体的浓度，向气云喷射雾状水以稀释和驱散气云，同时可采用移动风机，加速气体向高空扩散。对于液氨泄漏，为减少向大气中的蒸发，可用喷射雾状水稀释和吸收或用含盐酸的水喷射中和，抑制其蒸发。

（3）收容（集）

对于大量泄漏，可选择用泵将泄漏出的物料抽到容器或槽车内；当泄漏量小时，可用吸附材料、中和材料等吸收中和。

（4）废弃

将收集的泄漏物运至废物处理场所处置，用消防水冲洗剩下的少量物料，冲洗水排入污水系统处理。

（三）中毒事故现场应急处理

1. 采取有效个人防护

进入事故现场的应急救援人员必须根据发生中毒的毒物，选择佩戴个体防护用品。进入半水煤气、一氧化碳、硫化氢、二氧化碳、氮气等中毒事故现场，必须佩戴防毒面具、正压式呼吸器，穿消防防护服；进入液氨中毒事故现场，必须佩戴正压式呼吸器、穿气密性防护服，同时做好防冻伤的防护。

2. 询情、侦查

救援人员到达现场后，应立即询问中毒人员、被困人员情况，毒物名称，泄漏量等，并安排侦查人员进行侦查，内容包括确认中毒、被困人员的位置，泄漏扩散区域及周围有无火源，泄漏物质浓度等，并制定处置具体方案。

3. 确定警戒区和进攻路线

综合侦查情况，确定警戒区域，设置警戒标志，疏散警戒区域内与救援无关的人员至安全区域，切断火源，严格限制出入。救援人员在上风、侧风方向选择救援进攻路线。

4. 现场急救

① 迅速将中毒者撤离现场，转移到上风或侧上风方向空气无污染地区；有条件时应立即进行呼吸道及全身防护，防止继续吸入毒物。

② 衣服被污染的，立即脱去衣物；皮肤污染者，用流动清水或肥皂水彻底冲洗；眼睛污染者，用大量流动清水彻底冲洗。

③ 对呼吸、心跳停止者，应立即进行人工呼吸和心脏按压，采取心肺复苏措施，并给予吸氧气。

④ 严重者立即送往医院观察治疗。

三、停电事故应急处置

在生产运行中，若电气设备、线路老化、操作人员违章操作或雷击，可引发电气短路、电气火灾事故，导致生产区域局部或大部停电，甚至可能引起人员触电、电伤或电击等事故。

停电事故应急处置方法如下：

① 启动停电现场应急处置方案，岗位操作人员要严格按照紧急停车操作规程开展停车作业。

② 主要针对危险装置采取紧急停车的措施，实施停电现场处置方案。

③ 严格按照紧急停车操作规程、操作步骤和停电现场处置方案进行停车作业。

④ 处理结束后，要组织检查、确认，做好记录，并严格执行挂牌制度，同时为来电后

开车做好充分准备。

⑤ 若在处置过程当中，出现主要生产装置压力、温度异常，有可能发生事故或危险化学品泄漏等现象，应立即按照危险化学品专项应急救援预案报告程序进行报告，并启动危险化学品事故应急预案。

活动：分组讨论化工企业常见事故，总结事故应急处置程序。

项目二
危险化学品事故应急救援认知

1. 掌握危险化学品事故应急救援基本原则；
2. 熟悉危险化学品事故应急救援的基本程序；
3. 能够正确应用事故现场急救常用基本方法。

任务一 危险化学品事故应急救援的基本原则认知

一、危险化学品事故应急救援的定义

危险化学品事故应急救援是指在危险化学品由于各种原因造成或可能造成众多人员伤亡及其他较大社会危害时，为及时控制危险源，抢救受害人员，指导群众防护和组织撤离，清除危害后果而组织的救援活动。

二、危险化学品事故应急救援的基本原则

① 坚持救人第一、防止灾害扩大的原则。在保障施救人员安全的前提下，果断抢救受困人员的生命，迅速控制危险化学品事故现场，防止灾害扩大。

② 坚持统一领导、科学决策的原则。由现场指挥部和总指挥部根据预案要求和现场情况变化领导应急响应和应急救援，现场指挥部负责现场具体处置，重大决策由总指挥部决定。

③ 坚持信息畅通、协同应对的原则。总指挥部、现场指挥部与救援队伍应保证实时互

通信息，提高救援效率，在事故单位开展自救的同时，外部救援力量根据事故单位的需求和总指挥部的要求参与救援。

④ 坚持保护环境、减少污染的原则。在处置中应加强对环境的保护，控制事故范围，减少对人员、大气、土壤、水体的污染。

⑤ 在救援过程中，有关单位和人员应考虑妥善保护事故现场以及相关证据。任何人不得以救援为借口，故意破坏事故现场、毁灭相关证据。

三、危险化学品事故应急救援的基本形式

危险化学品事故应急救援按事故波及范围及其危害程度，可采取单位自救和社会救援两种形式。

1. 单位自救

《中华人民共和国安全生产法》第八十二条规定，危险物品的生产、经营、储存单位应当建立应急救援组织或指定兼职的应急救援人员。《危险化学品安全管理条例》第七十一条也明确规定了单位内部发生危险化学品事故时，单位负责人对组织救援所负有的责任和义务。要求单位内部一旦发生危险化学品事故，单位负责人应当立即按照本单位危险化学品应急预案组织救援，并向当地安全生产监督管理部门和环境保护、公安、卫生主管部门报告。

2. 社会救援

《危险化学品安全管理条例》第七十二条明确规定，发生危险化学品事故时，当地人民政府和其他有关部门所负有的责任和义务，规定有关地方人民政府应当立即组织安全生产监督管理、环境保护、公安、卫生、交通运输等有关部门，按照本地区危险化学品事故应急预案组织实施救援，不得拖延、推诿。

四、危险化学品事故应急救援的基本程序

1. 应急响应

① 事故单位应立即启动应急预案，组织成立现场指挥部，制定科学、合理的救援方案，并统一指挥实施。

② 事故单位在开展自救的同时，应按照有关规定向当地政府部门报告。

③ 政府有关部门在接到事故报告后，应立即启动相关预案，赶赴事故现场（或应急指挥中心），成立总指挥部，明确总指挥、副总指挥及有关成员单位或人员职责分工。

④ 现场指挥部根据情况，划定本单位警戒隔离区域，抢救、撤离遇险人员，制定现场处置措施（工艺控制、工程抢险、防范次生衍生事故），及时将现场情况及应急救援进展报告总指挥部，向总指挥部提出外部救援力量、技术、物资支持及疏散公众等请求和建议。

⑤ 总指挥部根据现场指挥部提供的情况对应急救援进行指导，划定事故单位周边警戒隔离区域，根据现场指挥部请求调集有关资源、下达应急疏散指令。

⑥ 外部救援力量根据事故单位的需求和总指挥部的协调安排，与事故单位合力开展救援。

⑦ 现场指挥部和总指挥部应及时了解事故现场情况，主要了解下列内容：

a. 遇险人员伤亡、失踪、被困情况。

b. 危险化学品危险特性、数量、应急处置方法等信息。

c. 周边建筑、居民、地形、电源、火源等情况。

d. 事故可能导致的后果及对周围区域的可能影响范围和危害程度。

e. 应急救援设备、物资、器材、队伍等应急力量情况。

f. 有关装置、设备、设施损毁情况。

⑧ 现场指挥部和总指挥部根据情况变化，对救援行动及时做出相应调整。

2. 警戒隔离

① 根据现场危险化学品自身及燃烧产物的毒害性、扩散趋势、火焰辐射热和爆炸、泄漏所涉及的范围等相关内容对危险区域进行评估，确定警戒隔离区。

② 在警戒隔离区边界设警示标志，并设专人负责警戒。

③ 对通往事故现场的道路实行交通管制，严禁无关车辆进入。清理主要交通干道，保证道路畅通。

④ 合理设置出入口，除应急救援人员外，严禁无关人员进入。

⑤ 根据事故发展、应急处置和动态监测情况，适当调整警戒隔离区。

3. 人员防护与救护

（1）应急救援人员防护

① 调集所需安全防护装备。现场应急救援人员应针对不同的危险特性，采取相应安全防护措施后，方可进入现场救援。

② 控制、记录进入现场救援人员的数量。

③ 现场安全监测人员若遇直接危及应急救援人员生命安全的紧急情况，应立即报告救援队伍负责人和现场指挥部，救援队伍负责人、现场指挥部应当迅速做出撤离决定。

（2）遇险人员救护

① 应急救援人员应携带救生器材迅速进入现场，将遇险受困人员转移到安全区。

② 将警戒隔离区内与事故应急处理无关人员撤离至安全区，撤离时要选择正确的方向和路线。

③ 对救出人员进行现场急救和登记后，交专业医疗卫生机构处置。

（3）公众安全防护

① 总指挥部根据现场指挥部疏散人员的请求，决定并发布疏散指令。

② 应选择安全的疏散路线，避免横穿危险区。

③ 根据危险化学品的危害特性，指导疏散人员就地取材（如毛巾、湿布、口罩），采取简易有效的措施保护自己。

4. 现场处置

（1）火灾爆炸事故处置

① 扑灭现场明火应坚持"先控制后扑灭"的原则。依危险化学品性质、火灾大小采用冷却、堵截、突破、夹攻、合击、分割、围歼、破拆、封堵、排烟等方法进行控制与灭火。

② 根据危险化学品特性，选用正确的灭火剂。禁止用水、泡沫等含水灭火剂扑灭遇湿易燃物品、自燃物品火灾；禁用直流水冲击扑灭粉末状、易沸溅危险化学品火灾；禁用砂土盖压扑灭爆炸品火灾；宜使用低压水流或雾状水扑灭腐蚀品火灾，避免腐蚀品溅出；禁止对液态轻烃强行灭火。

③ 有关生产部门监控装置工艺变化情况，做好应急状态下生产方案的调整和相关装置的生产平衡，优先保证应急救援所需的水、电、汽、交通运输车辆和工程机械。

④ 根据现场情况和预案要求，及时决定有关设备、装置、单元或系统紧急停车，避免事故扩大。

（2）泄漏事故处置

① 控制泄漏源。

a. 在生产过程中发生泄漏，事故单位应根据生产和事故情况，及时采取控制措施，防止事故扩大。可采取停车、局部打循环、改走副线或降压堵漏等措施。

b. 在其他储存、使用等过程中发生泄漏，应根据事故情况，采取转料、套装、堵漏等控制措施。

② 控制泄漏物。

a. 泄漏物控制应与泄漏源控制同时进行。

b. 对气体泄漏物可采取喷雾状水、释放惰性气体、加入中和剂等措施，降低泄漏物的浓度或燃爆危害。喷水稀释时，应筑堤收容产生的废水，防止水体污染。

c. 对液体泄漏物可采取容器盛装、吸附、筑堤、挖坑、泵吸等措施进行收集、阻挡或转移。若液体泄漏物具有挥发及可燃性，可用适当的泡沫覆盖泄漏液体。

（3）中毒窒息事故处置

① 立即将染毒者转移至上风向或侧上风向空气无污染区域，并进行紧急救治。

② 经现场紧急救治，伤势严重者立即送往医院观察治疗。

（4）其他处置要求

① 现场指挥人员发现危及人身生命安全的紧急情况时，应迅速发出紧急撤离信号。

② 若因火灾爆炸引发泄漏中毒事故，或因泄漏引发火灾爆炸事故，应统筹考虑，优先采取保障人员生命安全、防止灾害扩大的救援措施。

③ 维护现场救援秩序，防止救援过程中发生车辆碰撞、车辆伤害、物体打击、高处坠落等事故。

5. 现场监测

① 对可燃、有毒有害危险化学品的浓度、扩散等情况进行动态监测。

② 测定风向、风力、气温等气象数据。

③ 确认装置、设施、建（构）筑物已经受到的破坏或潜在的威胁。

④ 监测现场及周边污染情况。

⑤ 现场指挥部和总指挥部根据现场动态监测信息，适时调整救援行动方案。

6. 洗消

① 在危险区与安全区交界处设立洗消站。

② 使用相应的洗消药剂，对所有染毒人员及工具、装备进行洗消。

7. 现场清理

① 彻底清除事故现场各处残留的有毒有害气体。

② 对泄漏液体、固体应统一收集处理。

③ 对污染地面进行彻底清洗，确保不留残液。

④ 对事故现场空气、水源、土壤污染情况进行动态监测，并将监测信息及时报告现场指挥部和总指挥部。

⑤ 洗消污水应集中净化处理，严禁直接外排。

⑥ 若空气、水源、土壤出现污染，应及时采取相应处置措施。

8. 信息发布

① 事故信息由总指挥部统一对外发布。

② 信息发布应及时、准确、客观、全面。

9. 救援结束

① 事故现场处置完毕，遇险人员全部救出，可能导致次生、衍生灾害的隐患得到彻底消除或控制后，由总指挥部发布救援行动结束指令。

② 清点救援人员、车辆及器材。

③ 解除警戒，指挥部解散，救援人员返回驻地。

④ 事故单位对应急救援资料进行收集、整理、归档，对救援行动进行总结评估，并报告上级有关部门。

任务二　危险化学品事故现场急救方法认知

一、危险化学品事故现场急救基本原则

危险化学品事故现场一般都比较复杂和混乱，救灾医疗条件艰苦，事故发生后瞬间可能出现大批伤员，而且伤情复杂，大量伤员同时需要救护，而专业人员到场需要十多分钟甚至更长时间。所以，危险化学品事故现场急救，必须遵循"先救人、后救物；先救命、后疗伤"的原则，同时还应注意以下几点。

1. 救护者应做好个人防护

危险化学品事故发生后，化学品会经呼吸系统和皮肤侵入人体。因此，救护者必须摸清事故现场化学品的种类、性质和毒性，在进入毒区抢救之前，首先要做好个体防护，选择并正确穿戴好合适的防毒面具和防护服。

2. 切断毒物来源

救护人员在进入事故现场后，应迅速采取果断措施切断毒物的来源，防止毒物继续外逸。对已经逸散出来的有毒气体或蒸气，应立即采取措施降低其在空气中的浓度，为进一步开展抢救工作创造有利条件。

3. 迅速将中毒者（伤员）移离危险区

迅速将中毒者（伤员）转移至空气清新的安全地带。在搬运过程中要沉着、冷静，不要强抢硬拉，防止造成骨折。如已有骨折或外伤，则要注意包扎和固定。

4. 采取正确的方法，对患者进行紧急救护

把患者从现场中抢救出来后，不要慌里慌张地急于打电话叫救护车，应先松解患者的衣扣和腰带，维护呼吸道畅通，注意保暖；去除患者身上的毒物，防止毒物继续侵入人体。对患者的病情进行初步检查，重点检查患者是否有意识障碍，呼吸和心跳是否停止，然后检查有无出血、骨折等。根据患者的具体情况，选用适当的方法，尽快开展现场急救。

5. 选择合适的医疗部门

尽快将患者送至就近的医疗部门治疗，就医时一定要注意选择就近医疗部门以争取抢救时间。但对于一氧化碳中毒者，应选择有高压氧舱的医院。

二、危险化学品事故现场急救常用基本方法

掌握必要的现场急救方法，对开展现场自救互救显得十分重要。现场急救常用的基本方法有以下几种：

（一）人工呼吸法

无论心跳存在与否，若长期呼吸停止，可造成机体缺氧而致死，特别是脑组织缺氧时间稍长，便可产生不可逆转的损害。因此，当发现患者呼吸停止时，必须争分夺秒、不失时机地进行人工呼吸保持继续不间断供氧。

（二）胸外心脏按压法

患者出现突然深度昏迷、颈动脉或股动脉缺血、瞳孔散大、脸色土灰或发绀、呼吸停止等症状时，可认为心搏骤停，应立即进行胸外心脏按压急救。

（三）急性中毒救治方法

急性中毒往往病情危重、进展快。因此，必须全力以赴，分秒必争，及时抢救。抢救方法详见如下所述。

1. 迅速将患者救离现场

这是现场急救的一项重要措施，它关系到下一步的急救处理和控制病情的发展，有时还是抢救成败的关键。

2. 采取适当方法进行紧急救护

迅速将患者移至空气新鲜处，松开衣领、紧身衣物、腰带及其他可能妨碍呼吸的一切物品，取出口中假牙和异物，保持呼吸道畅通，有条件时给氧。

3. 迅速将患者送往就近医疗部门做进一步检查和治疗

在护送途中，应密切观察患者的呼吸、心跳、脉搏等生命体征，某些急救措施如输氧、人工心肺复苏术等亦不能中断。

（四）烧烫伤紧急救护

1. 化学性皮肤烧伤

发生化学性皮肤烧伤时，应立即将患者移离现场，迅速脱去被化学物沾污的衣裤、鞋袜等，用足量流动清水冲洗创面 15min 以上。

2. 火焰烧伤

发生火焰烧伤时，应立即脱去着火的衣服，并迅速卧倒，慢慢滚动而压灭火焰，切忌用双手扑打，以免双手重度烧伤；切忌奔跑，以免发生呼吸道烧伤。

对中、小面积烧伤的四肢创面可用清洁的冷水（一般冬季 10～20℃，夏季 3～5℃）冲洗 30min 以上，然后简单包扎，去医院进行进一步处理。

3. 电击烧伤

发生电击烧伤时，要将创口用盐水或新洁尔灭棉球洗净，用凡士林油纱或干净的毛巾、

手帕包扎好，去医院进行进一步处理。

4. 烫伤

对明显红肿的轻度烫伤，要立即用冷水冲洗几分钟，用干净的纱布包好即可。如果局部皮肤起水疱、疼痛难忍、发热，要立即冷却 30min 以上；若患处起了水疱，不要碰破，应就医处理，以免感染。

5. 化学性眼烧伤

发生化学性眼烧伤时，应立即用流动清水冲洗，以免造成失明。冲洗被烧伤的眼睛要在下方进行，防止冲洗过的水流进另一只眼睛。无法冲洗时，也可把脸部埋入清洁水中。清洗过程中一定要把眼皮掰开，眼球来回转动洗涤 20min 以上，充分冲洗后还要立即到医院眼科进行治疗。

（五）碰撞伤紧急救护

1. 手脚扭伤脱臼紧急救护

扭伤和脱臼都是由于关节受到过大力量冲击引起的。关节周围的组织断裂或拉长是扭伤，关节处于脱位状态是脱臼。不论处于哪种状态，千万不可试图自己使关节复位或强行扭动受伤部位使其复原。

2. 骨折紧急救护

骨骼因外伤发生完全断裂或不完全断裂的叫骨折。骨折时，局部疼痛，活动时疼痛剧烈，局部有明显肿胀并出现明显变形。骨折的急救非常重要，应争取时间抢救生命，保护受伤肢体，防止加重损伤和伤口感染。

（六）外伤紧急救护

身体的某部位被切割或擦伤时，最重要的是止血。如果是小的割伤，出血不多，可用卫生纸稍加挤压，挤出少许被污染的血，再用创可贴或纱布包扎即可。如果切割伤口很深，流出的血是鲜红色的且流得很急，甚至往外喷，可判断为动脉出血，必须把血管压住（压迫止血点），即压住比伤口距离心脏更近部位的动脉（止血点），才能止住血。如果切割的器具不洁，简单进行创面处理后，要去医院注射破伤风预防针，同时注射抗生素，以防伤口感染。

活动：正确描述心肺复苏的步骤及操作要点，分组完成心肺复苏操作。

任务三　事故应急救援相关法律法规认知

我国的安全生产方针是"安全第一，预防为主，综合治理"，这是安全生产管理工作必须坚持的基本原则。危险化学品事故应急救援人员必须熟悉我国安全生产法律法规、标准体系框架，掌握事故应急救援相关法律法规、标准和规范性文件的获取渠道。

一、《中华人民共和国安全生产法》的相关内容

1. 我国安全生产七项基本法律制度

《中华人民共和国安全生产法》确定了我国安全生产的七项基本法律制度，这七项制度是：

① 安全生产监督管理制度；

② 生产经营单位安全保障制度；

③ 从业人员安全生产权利与义务制度；

④ 生产经营单位负责人安全责任制度；

⑤ 为安全生产提供服务的中介机构的工作制度；

⑥ 安全生产责任追究制度；

⑦ 事故应急救援和调查处理制度。

2. 事故应急救援制度主要要素

① 建立国家统一领导、综合协调、分类管理、分级负责、属地管理为主的应急管理体制；

② 建立健全应急救援工作的法律、法规、标准；

③ 明确各级政府和生产经营单位应急救援工作的法律责任；

④ 确立重特大事故的预防与应急准备、监测与预警、应急处置与救援、事后恢复与重建等应对活动的原则及其方法步骤；

⑤ 完善应急保障条件。

3.《中华人民共和国安全生产法》关于事故应急救援的条款

第十九条　国家对在改善安全生产条件、防止生产安全事故、参加抢险救护等方面取得显著成绩的单位和个人，给予奖励。

第二十一条　生产经营单位的主要负责人对本单位安全生产工作负有下列职责：

（一）建立健全并落实本单位全员安全生产责任制，加强安全生产标准化建设；

（二）组织制定并实施本单位安全生产规章制度和操作规程；

（三）组织制定并实施本单位安全生产教育和培训计划；

（四）保证本单位安全生产投入的有效实施；

（五）组织建立并落实安全风险分级管控和隐患排查治理双重预防工作机制，督促、检查本单位的安全生产工作，及时消除生产安全事故隐患；

（六）组织制定并实施本单位的生产安全事故应急救援预案；

（七）及时、如实报告生产安全事故。

第八十条　县级以上地方各级人民政府应当组织有关部门制定本行政区域内生产安全事故应急救援预案，建立应急救援体系。

第八十一条　生产经营单位应当制定本单位生产安全事故应急救援预案，与所在地县级以上地方人民政府组织制定的生产安全事故应急救援预案相衔接，并定期组织演练。

第八十二条　危险物品的生产、经营、储存单位以及矿山、金属冶炼、城市轨道交通运营、建筑施工单位应当建立应急救援组织；生产经营规模较小的，可以不建立应急救援组织，但应当指定兼职的应急救援人员。

第一百一十条　生产经营单位的主要负责人在本单位发生生产安全事故时，不立即组织抢救或者在事故调查处理期间擅离职守或者逃匿的，给予降级、撤职的处分，并由应急管理部门处上一年年收入百分之六十至百分之一百的罚款；对逃匿的处十五日以下拘留；构成犯罪的，依照刑法有关规定追究刑事责任。生产经营单位的主要负责人对生产安全事故隐瞒不报、谎报或者迟报的，依照前款规定处罚。

二、应急相关法律、法规

1.《中华人民共和国突发事件应对法》

《中华人民共和国突发事件应对法》确立了17项应急管理机制。

（1）确立我国应急管理体制

第四条　国家建立统一领导、综合协调、分类管理、分级负责、属地管理为主的应急管理体制。

（2）明确应急工作原则

第五条　突发事件应对工作实行预防为主、预防与应急相结合的原则。国家建立重大突发事件风险评估体系，对可能发生的突发事件进行综合性评估，减少重大突发事件的发生，最大限度地减轻重大突发事件的影响。

（3）应急工作方法

第十二条　有关人民政府及其部门为应对突发事件，可以征用单位和个人的财产。被征用的财产在使用完毕或者突发事件应急处置工作结束后，应当及时返还。财产被征用或者征用后毁损、灭失的，应当给予补偿。

（4）建立应急预案体系

第十七条　国家建立健全突发事件应急预案体系。

国务院制定国家突发事件总体应急预案，组织制定国家突发事件专项应急预案。

地方各级人民政府和县级以上地方各级人民政府有关部门根据有关法律、法规、规章、上级人民政府及其有关部门的应急预案以及本地区的实际情况，制定相应的突发事件应急预案。

第十九条　城乡规划应当符合预防、处置突发事件的需要，统筹安排应对突发事件所必需的设备和基础设施建设，合理确定应急避难场所。

（5）建立安全管理制度

第二十二条　所有单位应当建立健全安全管理制度，定期检查本单位各项安全防范措施的落实情况，及时消除事故隐患；掌握并及时处理本单位存在的可能引发社会安全事件的问题，防止矛盾激化和事态扩大；对本单位可能发生的突发事件和采取安全防范措施的情况，应当按照规定及时向所在地人民政府或者人民政府有关部门报告。

（6）建立应急培训制度

第二十五条　县级以上人民政府应当建立健全突发事件应急管理培训制度，对人民政府及其有关部门负有处置突发事件职责的工作人员定期进行培训。

第二十八条　中国人民解放军、中国人民武装警察部队和民兵组织应当有计划地组织开展应急救援的专门训练。

（7）健全应急救援队伍

第二十六条　县级以上人民政府应当整合应急资源，建立或者确定综合性应急救援队伍。县级以上人民政府应当加强专业应急救援队伍与非专业应急救援队伍的合作，联合培训、联合演练，提高合成应急、协同应急的能力。

（8）完善应急保障制度

第三十二条　国家建立健全应急物资储备保障制度，完善重要应急物资的监管、生产、储备、调拨和紧急配送体系。

设区的市级以上人民政府和突发事件易发、多发地区的县级人民政府应当建立应急救援物资、生活必需品和应急处置装备的储备制度。

县级以上地方各级人民政府应当根据本地区的实际情况，与有关企业签订协议，保障应急救援物资、生活必需品和应急处置装备的生产、供给。

第三十三条　国家建立健全应急通信保障体系，完善公用通信网，建立有线与无线相结合、基础电信网络与机动通信系统相配套的应急通信系统，确保突发事件应对工作的通信畅通。

（9）建立应急信息系统

第三十七条　国务院建立全国统一的突发事件信息系统。

县级以上地方各级人民政府应当建立或者确定本地区统一的突发事件信息系统，汇集、储存、分析、传输有关突发事件的信息，并与上级人民政府及其有关部门、下级人民政府及其有关部门、专业机构和监测网点的突发事件信息系统实现互联互通，加强跨部门、跨地区的信息交流与情报合作。

（10）建立监测制度

第四十一条　国家建立健全突发事件监测制度。

县级以上人民政府及其有关部门应当根据自然灾害、事故灾难和公共卫生事件的种类和特点，建立健全基础信息数据库，完善监测网络，划分监测区域，确定监测点，明确监测项目，提供必要的设备、设施，配备专职或者兼职人员，对可能发生的突发事件进行监测。

（11）建立预警制度

第四十二条　国家建立健全突发事件预警制度。

可以预警的自然灾害、事故灾难和公共卫生事件的预警级别，按照突发事件发生的紧急程度、发展势态和可能造成的危害程度分为一级、二级、三级和四级，分别用红色、橙色、黄色和蓝色标示，一级为最高级别。

（12）应急处置措施方案

第四十九条　自然灾害、事故灾难或者公共卫生事件发生后，履行统一领导职责的人民政府可以采取下列一项或者多项应急处置措施：

（一）组织营救和救治受害人员，疏散、撤离并妥善安置受到威胁的人员以及采取其他救助措施；

（二）迅速控制危险源，标明危险区域，封锁危险场所，划定警戒区，实行交通管制以及其他控制措施；

（三）立即抢修被损坏的交通、通信、供水、排水、供电、供气、供热等公共设施，向受到危害的人员提供避难场所和生活必需品，实施医疗救护和卫生防疫以及其他保障措施；

（四）禁止或者限制使用有关设备、设施，关闭或者限制使用有关场所，中止人员密集的活动或者可能导致危害扩大的生产经营活动以及采取其他保护措施；

（五）启用本级人民政府设置的财政预备费和储备的应急救援物资，必要时调用其他急需物资、设备、设施、工具；

（六）组织公民参加应急救援和处置工作，要求具有特定专长的人员提供服务；

（七）保障食品、饮用水、燃料等基本生活必需品的供应；

（八）依法从严惩处囤积居奇、哄抬物价、制假售假等扰乱市场秩序的行为，稳定市场价格，维护市场秩序；

（九）依法从严惩处哄抢财物、干扰破坏应急处置工作等扰乱社会秩序的行为，维护社会治安；

（十）采取防止发生次生、衍生事件的必要措施。

第五十条　社会安全事件发生后，组织处置工作的人民政府应当立即组织有关部门并由公安机关针对事件的性质和特点，依照有关法律、行政法规和国家其他有关规定，采取下列一项或者多项应急处置措施：

（一）强制隔离使用器械相互对抗或者以暴力行为参与冲突的当事人，妥善解决现场纠纷和争端，控制事态发展；

（二）对特定区域内的建筑物、交通工具、设备、设施以及燃料、燃气、电力、水的供应进行控制；

（三）封锁有关场所、道路，查验现场人员的身份证件，限制有关公共场所内的活动；

（四）加强对易受冲击的核心机关和单位的警卫，在国家机关、军事机关、国家通讯社、广播电台、电视台、外国驻华使领馆等单位附近设置临时警戒线；

（五）法律、行政法规和国务院规定的其他必要措施。

（13）应急救援措施

第五十一条　发生突发事件，严重影响国民经济正常运行时，国务院或者国务院授权的有关主管部门可以采取保障、控制等必要的应急措施，保障人民群众的基本生活需要，最大限度地减轻突发事件的影响。

第五十二条　履行统一领导职责或者组织处置突发事件的人民政府，必要时可以向单位和个人征用应急救援所需设备、设施、场地、交通工具和其他物资，请求其他地方人民政府提供人力、物力、财力或者技术支援，要求生产、供应生活必需品和应急救援物资的企业组织生产、保证供给，要求提供医疗、交通等公共服务的组织提供相应的服务。

履行统一领导职责或者组织处置突发事件的人民政府，应当组织协调运输经营单位，优先运送处置突发事件所需物资、设备、工具、应急救援人员和受到突发事件危害的人员。

（14）信息发布制度

第五十三条　履行统一领导职责或者组织处置突发事件的人民政府，应当按照有关规定统一、准确、及时发布有关突发事件事态发展和应急处置工作的信息。

第五十四条　任何单位和个人不得编造、传播有关突发事件事态发展或者应急处置工作的虚假信息。

（15）事后恢复与重建

第五十九条　突发事件应急处置工作结束后，履行统一领导职责的人民政府应当立即组织对突发事件造成的损失进行评估，组织受影响地区尽快恢复生产、生活、工作和社会秩序，制定恢复重建计划，并向上一级人民政府报告。

受突发事件影响地区的人民政府应当及时组织和协调公安、交通、铁路、民航、邮电、建设等有关部门恢复社会治安秩序，尽快修复被损坏的交通、通信、供水、排水、供电、供气、供热等公共设施。

（16）法律责任制度

政府和政府有关部门责任：

第六十三条　地方各级人民政府和县级以上各级人民政府有关部门违反本法规定，不履行法定职责的，由其上级行政机关或者监察机关责令改正；有下列情形之一的，根据情节对直接负责的主管人员和其他直接责任人员依法给予处分：

（一）未按规定采取预防措施，导致发生突发事件，或者未采取必要的防范措施，导致发生次生、衍生事件的；

（二）迟报、谎报、瞒报、漏报有关突发事件的信息，或者通报、报送、公布虚假信息，造成后果的；

（三）未按规定及时发布突发事件警报、采取预警期的措施，导致损害发生的；

（四）未按规定及时采取措施处置突发事件或者处置不当，造成后果的；

（五）不服从上级人民政府对突发事件应急处置工作的统一领导、指挥和协调的；

（六）未及时组织开展生产自救、恢复重建等善后工作的；

（七）截留、挪用、私分或者变相私分应急救援资金、物资的；

（八）不及时归还征用的单位和个人的财产，或者对被征用财产的单位和个人不按规定给予补偿的。

有关单位责任：

第六十四条　有关单位有下列情形之一的，由所在地履行统一领导职责的人民政府责令停产停业，暂扣或者吊销许可证或者营业执照，并处五万元以上二十万元以下的罚款；构成违反治安管理行为的，由公安机关依法给予处罚：

（一）未按规定采取预防措施，导致发生严重突发事件的；

（二）未及时消除已发现的可能引发突发事件的隐患，导致发生严重突发事件的；

（三）未做好应急设备、设施日常维护、检测工作，导致发生严重突发事件或者突发事件危害扩大的；

（四）突发事件发生后，不及时组织开展应急救援工作，造成严重后果的。

前款规定的行为，其他法律、行政法规规定由人民政府有关部门依法决定处罚的，从其规定。

第六十五条　违反本法规定，编造并传播有关突发事件事态发展或者应急处置工作的虚假信息，或者明知是有关突发事件事态发展或者应急处置工作的虚假信息而进行传播的，责令改正，给予警告；造成严重后果的，依法暂停其业务活动或者吊销其执业许可证；负有直接责任的人员是国家工作人员的，还应当对其依法给予处分；构成违反治安管理行为的，由公安机关依法给予处罚。

单位或者个人责任：

第六十六条　单位或者个人违反本法规定，不服从所在地人民政府及其有关部门发布的决定、命令或者不配合其依法采取的措施，构成违反治安管理行为的，由公安机关依法给予处罚。

第六十七条　单位或者个人违反本法规定，导致突发事件发生或者危害扩大，给他人人身、财产造成损害的，应当依法承担民事责任。

第六十八条　违反本法规定，构成犯罪的，依法追究刑事责任。

（17）紧急状态

第六十九条　发生特别重大突发事件，对人民生命财产安全、国家安全、公共安全、环境安全或者社会秩序构成重大威胁，采取本法和其他有关法律、法规、规章规定的应急处置措施不能消除或者有效控制、减轻其严重社会危害，需要进入紧急状态的，由全国人民代表大会常务委员会或者国务院依照宪法和其他有关法律规定的权限和程序决定。

2. 《中华人民共和国职业病防治法》

（1）职业危害因素及应急救治措施告知

第二十四条　产生职业病危害的用人单位，应当在醒目位置设置公告栏，公布有关职业病防治的规章制度、操作规程、职业病危害事故应急救援措施和工作场所职业病危害因素检测结果。

对产生严重职业病危害的作业岗位，应当在其醒目位置，设置警示标识和中文警示说明。警示说明应当载明产生职业病危害的种类、后果、预防以及应急救治措施等内容。

（2）职业危害应急设备、措施要求

第二十五条　对可能发生急性职业损伤的有毒、有害工作场所，用人单位应当设置报警装置，配置现场急救用品、冲洗设备、应急撤离通道和必要的泄险区。

对放射工作场所和放射性同位素的运输、贮存，用人单位必须配置防护设备和报警装置，保证接触放射线的工作人员佩戴个人剂量计。

对职业病防护设备、应急救援设施和个人使用的职业病防护用品，用人单位应当进行经常性的维护、检修，定期检测其性能和效果，确保其处于正常状态，不得擅自拆除或者停止使用。

第二十九条　向用人单位提供可能产生职业病危害的化学品、放射性同位素和含有放射性物质的材料的，应当提供中文说明书。说明书应当载明产品特性、主要成分、存在的有害因素、可能产生的危害后果、安全使用注意事项、职业病防护以及应急救治措施等内容。

3. 《生产安全事故应急条例》

已经于 2018 年 12 月 5 日国务院第 33 次常务会议通过，2019 年 2 月 17 日中华人民共和国国务院令第 708 号公布，自 2019 年 4 月 1 日起施行。

第一章　总则

第一条　为了规范生产安全事故应急工作，保障人民群众生命和财产安全，根据《中华人民共和国安全生产法》和《中华人民共和国突发事件应对法》，制定本条例。

第四条　生产经营单位应当加强生产安全事故应急工作，建立、健全生产安全事故应急工作责任制，其主要负责人对本单位的生产安全事故应急工作全面负责。

第二章　应急准备

第六条　生产安全事故应急救援预案应当符合有关法律、法规、规章和标准的规定，具有科学性、针对性和可操作性，明确规定应急组织体系、职责分工以及应急救援程序和措施。

有下列情形之一的，生产安全事故应急救援预案制定单位应当及时修订相关预案：

（一）制定预案所依据的法律、法规、规章、标准发生重大变化；

（二）应急指挥机构及其职责发生调整；

（三）安全生产面临的风险发生重大变化；

（四）重要应急资源发生重大变化；

（五）在预案演练或者应急救援中发现需要修订预案的重大问题；

（六）其他应当修订的情形。

活动：查阅应急救援相关法律法规，并根据理解回答下列问题。

1.《中华人民共和国安全生产法》相关应急救援条款有哪些？

2. 我国应急管理体制包括哪些内容？

3. 法律责任制度包括哪些内容？

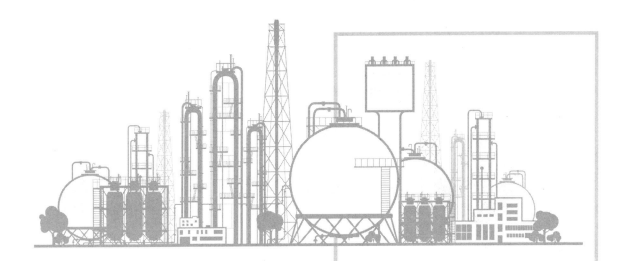

模块二

常见化工工艺安全实训装置认知

常见化工工艺安全实训装置以典型的化工企业常用单元装置为考核平台，以化工企业近年来发生的事故及应急预案为设计蓝本，主要针对危险化学品相关安全方面的作业内容，涵盖了聚合工艺、氯化工艺、加氢工艺等三类危险化工工艺。事故类型设置包含火灾、中毒、大面积泄漏、超温超压和断电等事故类型。装置通过模拟故障或事故发生时的场景，能更真实地感受现场的氛围以及事故处理时的紧迫。

项目一
安全实训装置认知

1. 能够识别实训装置 9 大单元模块；
2. 掌握生产过程所包含的化学反应类型及化工过程和设备操作特点；
3. 能够识读工艺流程图。

任务一　安全实训装置模块认知

　　常见化工工艺安全实训装置由 9 个单元模块构成，即加热炉单元、反应釜单元、列管反应器单元、分离器单元、精馏塔单元、汽提塔单元、换热器单元、中间罐单元、贮存单元，如图 2-1 所示。

一、加热炉单元

　　加热炉为模块 1，管式加热炉是用于石油化工及其关联产品的一种生产设备，管式加热炉通常由对流室和辐射室两部分组成。一般是两台炉子对称组合成门字形结构，采用自然或者强制排烟系统，如图 2-2 所示。

　　对流室内设有水平放置的数组换热管，用以预热原料等。燃料燃烧所在区域称为辐射室，辐射室由耐火砖（里层）、隔热砖（外层）砌成。加热炉管悬吊在辐射室中央。炉膛的底部安装有火嘴以加热炉管。每个火嘴旁边有长明灯。炉膛侧壁下部有看火门以观察炉内火焰燃烧情况，上部有防爆门，起到安全泄放的功能。燃料（液体或气体）和空气在火嘴中混合后喷入炉膛燃烧，火嘴在炉膛（即辐射室）中均匀分布的烟气进入对流室后将显热传给对

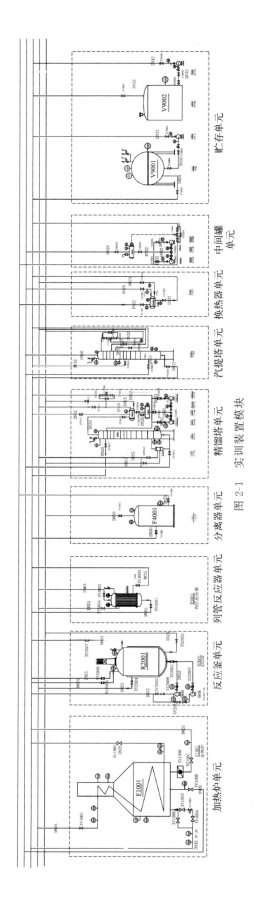

图 2-1　实训装置模块

流管中的原料和蒸汽。最后由烟囱排入大气或去能量回收系统。

图 2-2　管式加热炉

二、反应釜单元

反应釜为模块 2，反应釜在工业生产中应用范围较广，它最主要的作用是使物料混合均匀，这种过程可能是物理过程，也可能是化学反应过程。

釜式反应器主要由筒体、搅拌器、密封装置、传热装置和传动装置等组成。其结构如图 2-3 所示。

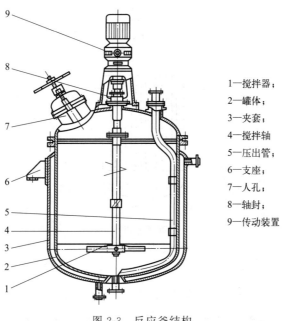

1—搅拌器；

2—罐体；

3—夹套；

4—搅拌轴

5—压出管；

6—支座；

7—人孔；

8—轴封；

9—传动装置

图 2-3　反应釜结构

1. 搅拌器

搅拌器是反应釜的关键部件，通过搅拌可充分混合物料、加快反应速率、强化传质传热效果、促进化学反应的实现。

2. 传热装置

釜式反应器常用的传热装置有夹套传热和蛇管传热两种形式。一般夹套传热结构应用更普遍，当反应器采用衬里结构或夹套传热不能满足要求时常采用蛇管传热方式。

夹套就是用焊接或法兰连接的方式在容器外侧装设各种形状的结构，使其与容器外壁形成密闭的空间，在此空间内通入载热体，可加热或冷却容器内的物料，以维持物料温度在预定的范围。

3. 传动装置

通常设置在反应釜顶盖上，一般采用立式布置。反应釜传动装置包括电动机、减速器、支架、联轴器、搅拌轴等。传动装置的作用是将电动机的转速，通过减速器，调整至工艺要求所需的搅拌转速，再通过联轴器带动搅拌轴旋转，从而带动搅拌器工作。

4. 密封装置

轴封是指搅拌轴与顶盖之间的密封，是釜式反应器的重要组成部分。由于搅拌轴是转动的，而顶盖是固定静止的，所以轴封是动密封。其作用是保证搅拌反应釜内处于一定的正压或真空状态，防止反应物料逸出或杂质的渗入。搅拌反应釜常用的动密封有填料密封和机械密封。

三、列管反应器单元

列管式反应器为模块 3，因其换热条件较好，在化工生产中应用广泛。其结构类似管壳式热交换器，由管束、壳体、两端封头等组成。管程为反应区，催化剂装填于列管内，物料在通过管内的催化剂床层时发生反应，壳程空间充满换热介质，形成反应换热系统，如图 2-4 所示。

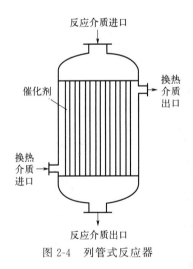

图 2-4　列管式反应器

四、分离器单元

分离器为模块 4，是把混合的物质分离成两种或两种以上不同的物质的设备。

按工作原理分类，分离器可以分为三种：重力式分离器利用液体和气体、固体密度的不同而受到的重力不同来实现分离，旋风式分离器利用液体和气体、固体做旋转运动时所受到的离心力不同来实现分离，过滤式分离器利用气流通道上的过滤元件或介质实现分离。

重力式分离器类型很多，但基本结构大体相同，以立式两相分离器为例。其分离原理是：气液混合流体经液、气进口进入分离器进行基本相分离，气体进入气体通道进行重力沉降分离出液滴，液体进入液体空间分离出气泡和固体杂质，气体在离开分离器之前经捕雾器除去小液滴后从出气口排出，液体从出液口流出，如图 2-5 所示。

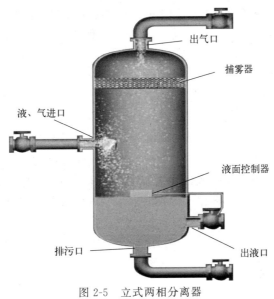

图 2-5　立式两相分离器

五、精馏塔单元与汽提塔单元

精馏塔单元与汽提塔单元分别为模块 5 和模块 6。塔设备是化工、炼油生产中最重要的工艺设备之一。它可使气液或液液两相之间紧密接触达到相际传质及传热的目的。按照内部结构可以分为板式塔与填料塔。

以筛板塔为例，其工作过程是：筛板塔塔盘上钻有均匀分布的小孔，形似筛孔；液体由上层塔盘通过降液管，经筛孔横流过塔盘，由溢流堰进入降液管；蒸汽自下而上进入筛孔的升气管中，分散到筛板上的液层中去，与液体接触。如图 2-6 所示。

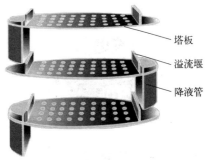

图 2-6　塔盘结构

六、换热器单元

换热器单元为模块 7。换热器是实现将热能从一种流体传至另一种流体的设备。管壳式换热器是最典型的间壁式换热器，其结构由壳体、管束、管板、各种接管等主要部件组成。固定管板式是管壳式换热器的最基本形式之一，由许多管子组成管束，管束两端通过焊接或胀接固定在两块管板上，管板与筒体采用焊接连接，如图 2-7 所示。此类换热器适用于壳程介质清洁、不易结垢或壳程虽有污垢，但能进行溶液清洗，以及两流体温差不大或温差较大，但壳程压力不高的场合。

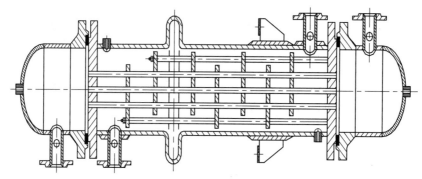

图 2-7　固定管板式换热器

七、中间罐单元与贮存单元

中间罐单元（模块 8）与贮存单元（模块 9）主要包括卧式储罐、立式储罐与球形储罐。其中卧式圆筒形储罐由筒体及封头组成，筒体为卧式圆筒形结构，封头为椭圆形封头。立式圆筒形储罐由罐底、罐壁及罐顶组成，罐壁为立式圆筒形结构。球形储罐由于承压的性能良好，单位容积的耗钢量较少，故多用于储存要求承受内压较高、容量较大的介质。

活动： 学生分为两人一组，现场辨识装置的 9 大单元模块。

任务二　安全实训装置流程图认知

一、工艺流程图认知

工艺流程图是用图示的方法，表示化工生产工艺流程和所需的全部设备、管道及附件、仪表。

1. 设备的画法与标注

（1）设备的画法

根据流程从左至右，用细实线画出，设备图形按规定符号绘制，如表 2-1 所示，没有规定的设备图形可画出设备的简略外形和内部结构特征。

表 2-1　设备图例

设备类型	图例			设备类型	图例		
塔 （T）	填料塔	板式塔	喷淋塔	反应器 （R）	固定床 反应器	列管式 反应器	反应釜（闭式 带搅拌夹套）
换热器 （E）	固定管板式 列管换热器	U形管式 换热器	浮头式列 管换热器	容器 （V）	球罐	卧式容器	锥顶罐
	釜式换热器	板式换热器	套管式换热器		（地下、半地下） 池、槽、坑	浮顶罐	圆顶锥 底容器
压缩机 （C）	旋转式压缩 机（卧式）	往复式 压缩机	离心式 压缩机	泵 （P）	离心泵	齿轮泵	螺杆泵
锅炉 （F）	箱式炉	圆筒炉		火炬 烟囱 （S）	烟囱	火炬	

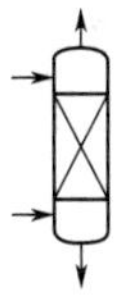

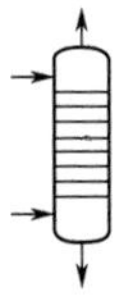

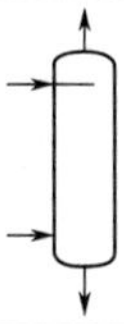

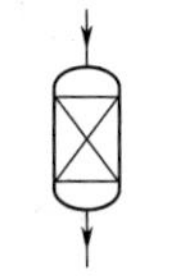

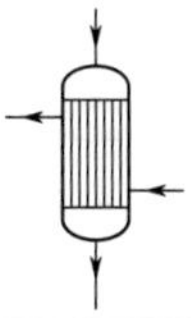

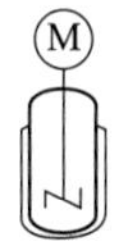

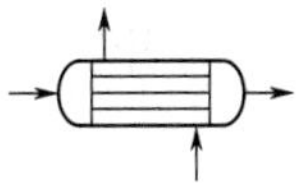

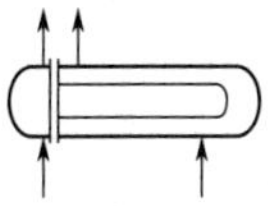

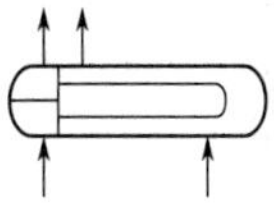

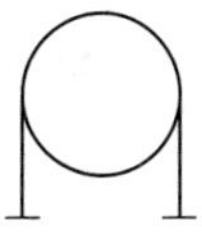

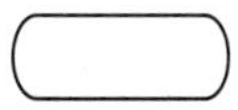

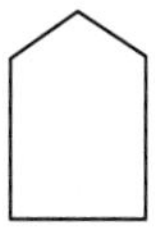

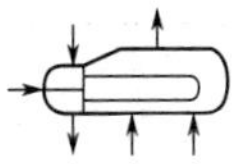

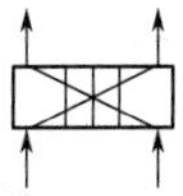

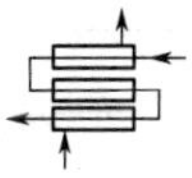

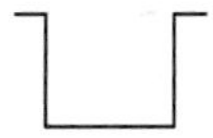

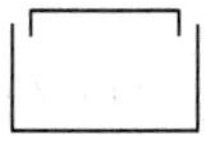

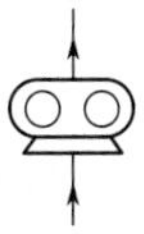

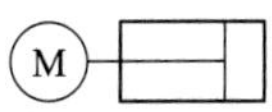

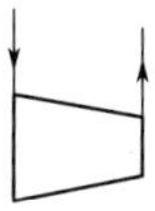

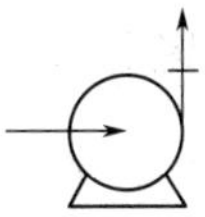

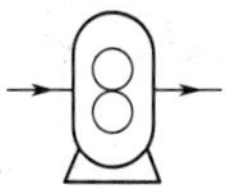

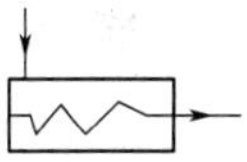

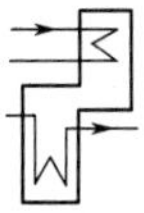

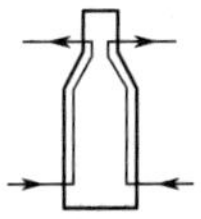

（2）设备的标注

一般在设备的上方或下方对齐标注，也可在设备内或近旁，仅注出设备的位号，而不注出设备名称，相同设备在位号后加注 A、B、C 等字样。

2. 管道的画法与标注

管道的画法与标注是用粗实线画出全部主要物料管道，中粗实线画出辅助物料管道。每根管道都要用箭头标出物料的流向（箭头画在管线上）。

3. 阀门、管件、仪表控制点的画法

（1）管道上的阀门及管件的画法

用细实线按标准所规定的符号在相应处画出，常见的图形符号见表 2-2。

表 2-2　阀门管件图例

名称	符号	名称	符号
截止阀		气动阀	
闸阀		阻火器	
旋塞阀		8 字盲板	
球阀		法兰	
减压阀		Y 形过滤器	
密闭式弹簧安全阀		疏水器	

（2）仪表控制点的画法

仪表控制点以细实线在相应的管道上用符号画出，符号包括图形符号和字母代号，它们组合起来可表达工业仪表所处理的被测变量和功能。仪表的图形符号是一个细实线圆圈，直径约为 10mm，需要时允许圆圈断开或变形。

二、PVC 聚合工艺流程图的阅读

阅读工艺流程图的目的是了解和掌握物料的工艺流程，设备的数量、名称和位号，管道的编号和规格，阀门及仪表控制点的部位和名称等，以便在工艺操作中，做到心中有数。

现以 PVC（聚氯乙烯）聚合工艺流程图为例（图 2-8），介绍阅读管道及仪表流程图的方法和步骤。

（1）了解设备的数量、名称和位号

从图形下方的设备标注中可知 PVC 聚合工艺设备有 12 台，即 1 个球形储罐（V9001）、1 个聚合釜（R2001）、1 台汽提塔（T6001）、1 台换热器（E7001）、2 台立式圆柱形储罐（V1101、V1102）、6 台离心泵（P9001、P2001A/B、P1101A/B、P1102）。

（2）分析主要物料的工艺流程

氯乙烯单体由氯乙烯单体储罐 V9001 经过滤器过滤后加入聚合釜（R2001），氯乙烯反应需要控制温度，可以采用夹套通过冷热流体控制，聚合反应完成后，经聚合釜转料泵 P2001A/B 送入出料槽 V1101，聚合物悬浮液经浆料泵 P1101A/B 送入换热器，加热后送入汽提塔，进一步除去氯乙烯单体，再送去过滤和洗涤。

（3）了解阀门、仪表控制点的情况

从图中看出有多个压力、温度、流量的控制仪表。阀门有可以实现远程操作的气动调节阀和可现场操作的截止阀、球阀。

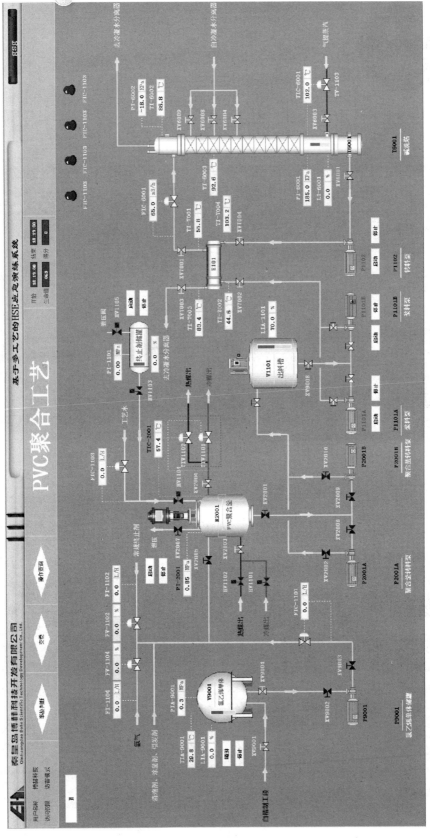

图 2-8　PVC 聚合工艺流程图

活动1：识读柴油加氢工艺流程图（图2-9），说明其设备类型及数量、工艺过程及重要的仪表阀门部位及名称。

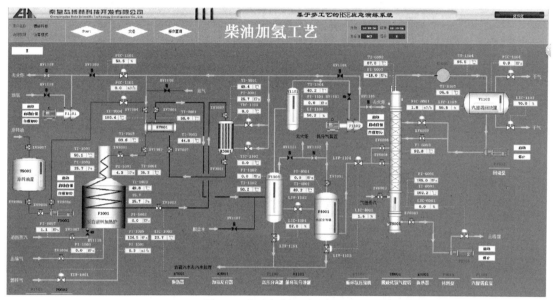

图 2-9　柴油加氢工艺流程图

活动2：识读煤制甲醇工艺流程图（图2-10），说明其设备类型及数量、工艺过程及重要的仪表阀门部位及名称。

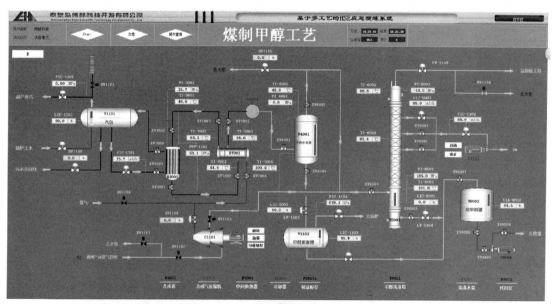

图 2-10　煤制甲醇工艺流程图

项目二
装置考核流程

1. 熟悉装置考核流程；
2. 能够对实训装置突发的安全隐患问题做出判断和处置；
3. 掌握化学品安全技术说明书、安全标识及个人防护用品等相关知识。

任务一 隐患排查

一、事故隐患概述

根据《安全生产事故隐患排查治理暂行规定》，事故隐患是指生产经营单位违反安全生产法律、法规、规章、标准、规程和安全生产管理制度的规定，或者因其他因素在生产经营活动中存在可能导致事故发生的物的不安全状态、人的不安全行为和管理上的缺陷。

二、事故隐患的分类

1. 按照可能造成事故的原因分类

按照可能造成事故的原因可以分为 3 类，分别为人的不安全行为、物的不安全状态、管理上的缺陷。

（1）人的不安全行为

根据《企业职工伤亡事故分类》（GB 6441—86），将人的不安全行为分为 13 类（共 51 种）：

① 操作错误，忽视安全，忽视警告；

② 造成安全装置失效；

③ 使用不安全设备；

④ 手代替工具操作；

⑤ 物体存放不当；

⑥ 冒险进入危险场所；

⑦ 攀、坐不安全位置；

⑧ 在起吊物下作业、停留；

⑨ 机器运转时进行加油、修理、检查、调整、焊接、清扫等工作；

⑩ 有分散注意力行为；

⑪ 在必须使用个人防护用品用具的作业或场合中，忽视其使用；

⑫ 不安全装束；

⑬ 对易燃、易爆等危险物品处理错误。

（2）物的不安全状态

表现为4类：

① 防护、保险、信号等装置缺乏或有缺陷；

② 设备、设施、工具、附件有缺陷；

③ 个人防护用品用具缺少或有缺陷；

④ 生产（施工）场地环境不良。

（3）管理上的缺陷

表现形式主要有7类：

① 技术和设计上有缺陷；

② 安全生产教育培训不够；

③ 劳动组织不合理；

④ 对现场工作缺乏检查或指导错误；

⑤ 没有安全生产管理规章制度和安全操作规程，或者不健全；

⑥ 没有事故防范和应急措施或者不健全；

⑦ 对事故隐患整改不力，经费不落实。

2. 按照可能造成的事故的严重后果和治理难度分类

按照可能造成的事故的严重后果和治理难度可以分为两类，分别为：

① 一般事故隐患：指危害和整改难度较小，发现后能够立即整改排除的隐患。

② 重大事故隐患：指危害和整改难度较大，应当全部或者局部停产停业，并经过一定时间整改治理方能排除的隐患，或者因外部因素影响致使生产经营单位自身难以排除的隐患。

三、隐患排查方法

1. 直观经验分析方法

直观经验分析方法主要利用同行业以往的事故教训和专家的经验辨识系统存在的事故隐患。

例如对车辆行驶进行隐患排查，包括人的不安全行为，如疲劳驾驶、酒后驾驶、开车看手机等；物的不安全状态，如车辆制动器失灵、轮胎老化等；环境因素，如雨雪天路滑等。

2. 系统安全分析方法

系统安全分析方法是应用系统安全工程评价方法中的某些方法进行危险、有害因素的辨识。系统安全分析方法常用于复杂、没有事故经验的新开发系统。常用的系统安全分析方法主要有以下几种：预先危险性分析、事故树分析、事件树分析、故障模式与影响分析（FMEA）、危险与可操作性分析（HAZOP）、作业危害分析方法（JHA）等。

活动：现场随机设置 5 个类型的隐患点（表 2-3），各类型数目不固定，设定时间为 5 分钟，两人一组，查找事故隐患并将其恢复正常。

表 2-3　隐患点类型

项目名称	考核方法	设置数量
消防器材不规范	检查并恢复	2
工具的随处摆放	放回气防柜	2
设备未按规定接地	检查并恢复	13
现场杂物	放回指定位置	1
安全附件异常	现场恢复	2

任务二　交接班

交接班主要涉及三类人员：班长、内操和外操。其各自的主要考核内容如下：

（1）班长主要完成重大危险源管理的相关考核内容，包含安全周知卡和安全警示标志；

（2）外操主要完成现场关键点阀门及关键仪表点的检查；

（3）内操主要完成不正常工艺关键点的调整。

一、化学品安全技术说明书与安全周知卡

1. 化学品安全技术说明书

化学品安全技术说明书（material safety data sheet，MSDS），是化学品生产商和进口商用来阐明化学品的理化特性（如 pH 值、闪点、易燃度、反应活性等）以及对使用者的健康（如致癌、致畸等）可能产生的危害的一份文件。它是一份关于危险化学品的安全使用、

泄漏应急救护处置、法律法规等方面信息的综合性文件。

其作用主要体现在：

① 是化学品安全生产、安全流通、安全使用的指导性文件；

② 是应急作业人员进行应急作业时的技术指南；

③ 为制定危险化学品安全操作规程提供技术信息；

④ 是化学品登记管理的重要基础和手段；

⑤ 是企业进行安全教育的重要内容。

作为一种安全指引，生产企业应随化学品向用户提供相应的 MSDS，使用户明了化学品的有关危害，使用时自主进行防护，起到减少职业危害和预防化学事故的作用。

MSDS 编写规定范围（GB/T 16483—2008），应包括安全信息 16 大项，近 70 个小项的内容，其在编写时不能随意删除或合并，其顺序不可随便变更。其正文应采用简洁、明了、通俗易懂的规范汉字表述。其数字资料要准确可靠，系统全面。

其 16 大项分类如下：①材料名称和生产商联系方式；②化学成分；③具有哪些危害；④紧急处理措施；⑤灭火措施；⑥泄漏处理措施；⑦搬运和储存；⑧暴露控制和个人防护；⑨理化特性；⑩稳定性/反应性；⑪毒性；⑫生态信息；⑬处置方法；⑭运输；⑮法规标准；⑯其他信息。

2. 安全周知卡

常用危险化学品安全周知卡用文字、图形符号和数字及字母的组合形式表示该危险化学品所具有的危险性、安全使用的注意事项、现场急救措施和防护的基本要求。安全周知卡是 MSDS 的简化版本，应拴挂于危险化学品生产岗位及作业场所显著的位置，如图 2-11 所示。

安全周知卡主要包括以下内容：

（1）危险性提示词

根据化学品的危险性进行提示。危险提示词包括：爆炸、易燃、自燃、剧毒、有毒、有害、腐蚀、刺激、窒息、致癌、致敏、放射。当某种化学品具有一种以上危险性时，提示词按危险性程度依次排列，提示词不超过 3 个，与危险性标志相对应。提示词要醒目、清晰，位于安全周知卡的左上方。

（2）化学品标识

包括用中文和英文分别标明化学品的商品名称、分子式、辅助识别码（CC 码、CAS 码）。

（3）危险性标志

一种标志对应一个类别或一种危险性。当一种化学品具有一种以上的危险性时，标志应同危险性保持一致。危险性标志按上、左、右的次序排列。危险性标志居安全周知卡的右上方，每种化学品最多可选用 3 个标志。

（4）危险性理化数据

是指根据危险化学品的危险特性，所列出的相应的理化数据。包括闪点、燃点、爆炸极限、沸点、相对密度、蒸气压等。

（5）危险特性

是指按照《常用危险化学品的分类及标志》的有关规定，确认危险化学品易发生的危险性。

危险化学品安全周知卡

危险性类别	品名、英文名及分子式、CC码及CAS码	危险性标志
有毒 易燃	氯乙烯 chloroethylene C2H3Cl CAS：75-01-4	

危险性理化数据	危险特性
熔点(℃)：–159.8 相对密度(水=1)：0.91 沸点(℃)：–13.4 闪点(℃)：–78	易燃。其蒸气与空气可形成爆炸性混合物。遇明火、高热能引起燃烧爆炸。燃烧或无抑制剂时可发生剧烈聚合，其蒸气比空气重。能在较低处扩散到相当远的地方。遇火源会着火回燃。

接触后表现	现场急救措施
氯乙烯是一种刺激物，短时接触低浓度，能刺激眼和皮肤，与其液体接触后由于快速蒸发能引起冻伤。对人体有麻醉作用，能抑制中枢神经系统。轻度中毒时病人出现眩晕、胸闷、嗜睡、步态蹒跚等；严重中毒可发生昏迷、抽搐，甚至造成死亡。慢性中毒表现为神经衰弱综合征、肝肿大。	皮肤接触：立即脱去被污染的衣着，用大量流动清水冲洗，至少15分钟。就医。 眼睛接触：立即提起眼睑，用大量流动清水或生理盐水彻底冲洗至少15分钟。就医。 吸入：迅速脱离现场至空气新鲜处，保持呼吸道通畅，如呼吸困难，给输氧；如呼吸停止，立即进行人工呼吸。就医。

身体防护措施

泄漏处理及防火防爆措施

迅速撤离泄漏污染区人员至上风处，并进行隔离。切断火源。建议应急处理人员戴自给正压式呼吸器，穿防静电工作服。尽可能切断泄漏源。用工业复盖层或吸附/吸收剂盖住泄漏点附近的下水道等地方，防止气体进入。合理通风，加速扩散。喷雾状水稀释、溶解。构筑围堤或挖坑以收容产生的大量废水。如有可能，将残余气或漏出气用排风机送至水洗塔或与塔相连的通风橱内。漏气容器要妥善处理，修复、检验后再用。

浓度	当地应急救援单位名称	当地应急救援单位电话
MAC(mg/m³)：30	市消防中心 市人民医院	市消防中心：119 市人民医院：120

图 2-11　危险化学品安全周知卡

（6）接触后表现

是指危险化学品与机体接触（如吸入、皮肤接触、经口等）后，特别是在意外事故发生时，产生的急性、慢性症状和体征。

（7）现场急救措施

是指在工作场所中发生意外，机体受到危险化学品伤害时，在就医之前所采取的自救或互救的简单有效的救护措施。

（8）个体防护措施

表述在危险化学品生产、使用、贮存等作业中所必须采取的个体防护要求。

（9）泄漏处理及防火防爆措施

表述在工作场所中，危险化学品泄漏后所采取的最有效的消除方法和工作人员必须进行的个体防护措施。

（10）最高容许浓度

是指作业场所空气中，危险化学品在长期、分次、有代表性的采样监测中，均不应超过的浓度。

（11）当地应急救援单位名称

要求由使用单位的安全专业技术人员填写当地应急救援单位及消防部门的全称，不得缩写或简写。

（12）当地应急救援电话

要求由使用单位的安全专业技术人员完整填写当地应急救援单位及消防部门的电话。

二、安全警示标志

《中华人民共和国安全生产法》规定，生产经营单位应当在有较大危险因素的生产经营场所和有关设施、设备上，设置明显的安全警示标志。

安全标志（safety sign）：用以表达特定安全信息的标志，由图形符号、安全色、几何形状、边框或文字构成。如图 2-12 所示。

图 2-12　安全标志

安全色（safety colour）：传递安全信息含义的颜色，包括红黄蓝绿四种颜色。

安全生产警告标志：提醒人们对周围环境的注意，以避免可能发生危险的图形标志。

1. 安全标志的分类

（1）禁止标志

禁止标志的含义是不准或制止人们的某些行动。

禁止标志的几何图形是带斜杠的圆环，其中圆环与斜杠相连，为红色；图形符号为黑色；背景为白色。

我国规定的禁止标志共有 40 个，如：禁止放易燃物、禁止吸烟、禁止通行、禁止烟火、禁止用水灭火、禁止带火种、禁止启动、修理时禁止转动、运转时禁止加油、禁止跨越、禁止乘车、禁止攀登等。

（2）警告标志

警告标志的含义是警告人们可能发生的危险。

警告标志的几何图形是黑色的正三角形、黑色符号和黄色背景。

我国规定的警告标志共有 39 个，如：注意安全、当心触电、当心爆炸、当心火灾、当心腐蚀、当心中毒、当心机械伤人、当心伤手、当心吊物、当心扎脚、当心落物、当心坠落、当心车辆、当心弧光、当心冒顶、当心瓦斯、当心塌方、当心坑洞、当心电离辐射、当心裂变物质、当心激光、当心微波、当心滑跌等。

（3）指令标志

指令标志的含义是必须遵守。

指令标志的几何图形是圆形、蓝色背景和白色图形符号。

指令标志共有 16 个，如：必须戴安全帽、必须穿防护鞋、必须系安全带、必须戴防护眼镜、必须戴防毒面具、必须戴护耳器、必须戴防护手套、必须穿防护服等。

（4）提示标志

提示标志的含义是示意目标的方向。

提示标志的几何图形是方形、绿色背景、白色图形符号及文字。

提示标志共有 8 个，如紧急出口、避险处、应急避难场所、可动火区、击碎板面、急救点、应急电话、紧急医疗站。

2. 安全标志牌使用要求

① 标志牌应设在与安全有关的醒目地方，并使大家看见后，有足够的时间来注意它所表示的内容。环境信息标志宜设在有关场所的入口处和醒目处，局部信息标志应设在所涉及的相应危险地点或设备（部件）附近的醒目处。

② 标志牌不应设在门、窗、架等可移动的物体上，以免这些物体位置移动后，看不见安全标志。标志牌前不得放置妨碍认读的障碍物。

③ 标志牌的平面与视线夹角应接近 90°，观察者位于最大观察距离时，最小夹角不低于 75°。

④ 标志牌应设置在明亮的环境中。

⑤ 多个标志牌在一起设置时，应按警告、禁止、指令、提示类型的顺序，先左后右、先上后下地排列。

⑥ 标志牌的固定方式分附着式、悬挂式和柱式三种。悬挂式和附着式的固定应稳固不倾斜，柱式的标志牌和支架应牢固地连接在一起。

任务实施

活动 1：识别聚氯乙烯工艺、柴油加氢工艺和煤制甲醇工艺三种工艺的安全周知卡。

活动 2：根据不同工艺的危险特性，选择合适的安全警示标志，并正确排序。

任务三 事故处理

一、事故处理流程

1. 事故预警

事故触发后,上位机报警、现场报警及现场触发,内操发现上位机异常报警后向班长汇报事故现象,班长派外操到现场查看,根据现象进行现场事故确认。

2. 事故汇报

外操进行现场查看后,根据实际情况,汇报事故工段、事故设备、事故位置、人员伤亡情况、现场是否可控等。

3. 事故处理

三名学员协同完成考核过程,根据考核细则完成相应的考核内容,根据操作结果评判,评分分为软件打分和现场裁判打分两部分。

班长负责协调处置,内操负责工艺控制,外操负责现场事故控制,在事故处理过程中,需要注意个人防护。

4. 事故延伸考核

包括化学防护服、隔热服、正压式空气呼吸器的使用,心肺复苏操作等项目的考核。

二、个人防护用品

个人防护用品是指劳动者在劳动中为防御物理、化学、生物等外界因素伤害人体而穿戴和配备的各种物品的总称。

1. 化学防护服

化学防护服是用于防护化学物质对人体伤害的服装。该服装可以覆盖整个或绝大部分人体,至少可以提供对躯干、手臂和腿部的防护。化学防护服可以是多件具有防护功能服装的组合,也可以和不同类型其他的防护装备相连接。

根据防护对象和整体防护性能,可以分为以下几种:

(1)气密型化学防护服

气密型化学防护服是指带有头罩、视窗和手足部防护的应急救援工作中作业人员穿着的单件化学防护服,当配套适宜的呼吸防护装备时,能够防护较高水平的有毒有害化学物质(气态、液态和固态颗粒物等)。

(2)液密型化学防护服

防护液态化学物质的防护服,分为喷射和泼溅液密型等。

喷射液密型化学防护服是指防护具有较高压力液态化学物质的全身性防护服。

泼溅液密型化学防护服是指防护具有较低压力或者无压力液态化学物质的全身性防护服。

（3）固体颗粒物化学防护服

防护作业场所空气中固态化学颗粒物的全身性防护服。

（4）有限泼溅型化学防护服

能够对液态化学物质进行有限防护的全身性防护服。

（5）织物酸碱类化学防护服

由机织面料构成，能够防护液态酸性或/和碱性化学品（不包括氢氟酸、氨水和有机酸碱）的防护服。

2. 隔热服

隔热服也叫热防护服，是重要的个体防护装备，指在接触火焰及炙热物体后能阻止本身被点燃、有焰燃烧和阴燃，保护人体不受各种伤害的防护服。

隔热服面料由外层、隔热层、舒适层等多层织物复合制成。外层采用能反射辐射热的金属铝箔复合阻燃织物材料，隔热层用于提供隔热保护，多采用阻燃黏胶或阻燃纤维毡制成。采用多层织物复合的结构，防辐射渗透性能以及隔热性能可得到提高。隔热服不仅要有热保护性能，还要有良好的实用性能和穿着舒适性，一定的拉伸强度、撕裂强度和耐磨性，这样才能更好地发挥其性能。

3. 正压式空气呼吸器

正压式空气呼吸器是一种人体呼吸器官的防护装具，用于在有浓烟、毒气、刺激性气体或严重缺氧的现场进行侦察、灭火、救人和抢险时佩戴。

当环境中氧气含量低于18%，或有毒有害物质浓度较高（＞1%）时应用隔绝式呼吸防护用品，如正压式空气呼吸器。

呼吸器主要由气瓶总成、减压器总成、全面罩总成、供气阀总成、背托总成共五个部分组成，另配有工具包、收纳袋和器材箱，如图2-13所示。

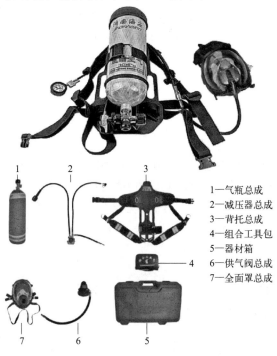

1—气瓶总成
2—减压器总成
3—背托总成
4—组合工具包
5—器材箱
6—供气阀总成
7—全面罩总成

图 2-13　正压式空气呼吸器组成示意图

4. 过滤式防毒面具

过滤式防毒面具，是防毒面具最为常见的一种，过滤式防毒面具主要由面罩主体和滤毒罐两部分组成。面罩起到密封并隔绝外部空气和保护口鼻面部的作用。滤毒罐为防毒过滤元件，是过滤式防毒面具的主要部件。其作用机理主要是各种有毒气体进入罐内被活性炭吸附，经化学作用、吸附作用和机械过滤作用而被除去，使有毒气体净化为洁净气体后吸入人体。

按照防毒过滤元件的分类和级别（GB 2890—2022），滤毒罐（滤毒盒）分为：

① 普通滤毒罐（滤毒盒），编号"P"，滤毒罐的型号规格如表 2-4 所示。

表 2-4　滤毒罐的型号规格

产品型号	标色	防护介质举例
A 型	褐色	有机气体与蒸气
B 型	灰色	无机气体和蒸气(HCN、Cl_2、$CNCl$)
E 型	黄色	SO_2 和其他酸性气体或蒸气
K 型	绿色	NH_3 和氨的有机衍生物
CO 型	白色	一氧化碳
Hg 型	红色	汞蒸气
H_2S 型	蓝色	H_2S 气体
AX 型	褐色	沸点不大于 65℃的有机气体和蒸气
SX 型	紫色	某些特殊化合物

② 多功能滤毒罐（滤毒盒），编号"D"，可防护两种以上有毒气体。

③ 综合滤毒罐（滤毒盒），编号"Z"，同时防尘和防毒。

滤毒罐都有使用寿命，一般情况下，滤毒罐的有效期为 5 年。但是滤毒罐的使用寿命会随空气污染物种类、浓度、环境温湿度以及作业强度的变化而不同。

三、应急抢救

1. 心肺复苏术

心肺复苏（CPR），就是指对心跳、呼吸骤停的患者采取紧急抢救措施（人工呼吸、心脏按压、快速除颤等）使其循环、呼吸和大脑功能得以控制/部分恢复的急救技术。

在正常室温下，心搏骤停 4 分钟后脑细胞就会出现不可逆转的损害，如果时间在 10 分钟以上，即使病人抢救过来，也可能是脑死亡，即植物人。所以在心源性猝死急救上有"黄金四分钟"之说。

2. 医用担架

医用担架主要供医院、急救中心、救护车、运动场、战地运送伤病员时使用。

担架搬运的原则：迅速、及时、正确。在搬运过程中，动作要轻巧，尽量减少不必要的震动，以免增加伤病者的痛苦。

搬运时病情观察的要点：在运送过程中，密切观察伤病者的情况。

任务实施

活动 1：根据化学防护服的考核内容（表 2-5），分小组完成化学防护服的操作。

活动 2：根据正压式空气呼吸器的考核内容（表 2-6），分小组完成正压式空气呼吸器的操作。

活动 3：根据过滤式防毒面具的考核内容（表 2-7），分小组完成过滤式防毒面具的操作。

活动 4：根据心肺复苏术的考核内容（表 2-8），分小组完成心肺复苏的操作。

活动 5：根据医用担架考核内容（表 2-9），分小组完成医用担架操作。

任务评价

表 2-5　化学防护服考核评分表

序号	考核项目	考核内容	评分标准	配分	得分
1	使用前检查	全面检查化学防护服有无破损及漏气	未完成本项不得分	5	
		检查拉链(或者其他连接方式)是否正常	未完成本项不得分	5	
		将携带的可能造成化学防护服损坏的物品去除	未完成本项不得分	5	
2	化学防护服穿戴	将化学防护服展开,将所有关闭口打开,头罩朝向自己,开口向上	未完成本项不得分	5	
		撑开化学防护服的颈口、胸襟,两腿先后伸进裤内,处理好裤腿与鞋子	未完成本项不得分	5	
		将化学防护服从臀部以上拉起,穿好上衣,腿部尽量伸展	未完成本项不得分	5	
		将腰带系好,要求舒适自然	未完成本项不得分	5	
		戴防毒面具,要求舒适无漏气	未完成本项不得分	5	
		戴防毒头罩	未完成本项不得分	5	
		扎好胸襟,系好颈扣,要求舒适自然	未完成本项不得分	5	
		将袖子外翻,戴上手套放下外袖	未完成本项不得分	5	
3	化学防护服的脱卸	清洗与消毒(避免人体及环境受到危害及污染)	未完成本项不得分	5	
		松开颈扣,松开胸襟	未完成本项不得分	5	
		摘下防毒头罩	未完成本项不得分	5	
		松开腰带	未完成本项不得分	5	
		按上衣、袖子、手套、裤腿、鞋子的顺序先后脱下	未完成本项不得分	5	

序号	考核项目	考核内容	评分标准	配分	得分
3	化学防护服的脱卸	将化学防护服内表面朝外,安置化学防护服,脱卸过程中,身体其他部位不能接触化学防护服外表面	未完成本项不得分	7	
		脱下防毒面具	未完成本项不得分	5	
4	现场恢复	恢复化学防护服初始状态	未完成本项不得分	8	
合计					

表 2-6　正压式空气呼吸器考核评分表

序号	考核项目	考核内容	评分标准	配分	得分
1	使用前检查	检查高、低压管路连接情况	未完成本项不得分	5	
		检查面罩视窗是否完好及其周边密封性	未完成本项不得分	3	
		检查减压阀手轮与气瓶连接是否紧密	未完成本项不得分	3	
		检查气瓶固定是否牢靠	未完成本项不得分	3	
		调整肩带、腰带、面罩束带的松紧程度,将正压式空气呼吸器连接好待用	未完成本项不得分	4	
		检查气瓶充气压力是否符合标准	未完成本项不得分	6	
		检查气路管线及附件的密封情况	未完成本项不得分	6	
		检查报警器灵敏程度	未完成本项不得分	6	
2	佩戴操作	按正确方法背好气瓶:解开腰带扣,展开腰垫;手抓背架两侧,将装具举过头顶;身体稍前顺,两肘内收,使装具自然滑落于背部	未完成本项不得分	5	
		调整位置:手拉下肩带,调整装具的上下位置,使臀部承力	未完成本项不得分	4	
		收紧腰带:扣上腰扣,将腰带两伸出端向后拉,收紧腰带	未完成本项不得分	4	
		外翻头罩:松开头罩带子,将头罩翻至面窗外部	未完成本项不得分	4	
		佩戴面罩:一只手抓住面窗突出部位将面罩置于面部,同时,另一只手将头罩后拉罩住头部	未完成本项不得分	4	
		收紧颈带:两手抓住颈带两端向后拉,收紧颈带	未完成本项不得分	3	
		收紧头带:两手抓住头带两端向后拉,收紧头带	未完成本项不得分	3	
		检查面罩的密封性:手掌心捂住面罩接口,深吸一口气,应感到面窗向面部贴紧	未完成本项不得分	4	
		打开气瓶:逆时针转动瓶阀手轮,完全打开瓶阀	未完成本项不得分	5	
		安装供气阀:使红色旋钮朝上,将供气阀与面窗对接并逆时针转动 $90°$,正确安装好时可听到"咔哒"声	未完成本项不得分	5	
3	使用后处理	摘下面罩。捏住下面左右两侧的颈带扣环向前拉,即可松开颈带;然后同样再松开头带,将面罩从面部由下向上脱下。然后按下供气阀上部的保护罩节气开关,关闭供气阀。面罩内应没有空气流出	未完成本项不得分	5	
		卸下装具	未完成本项不得分	3	

序号	考核项目	考核内容	评分标准	配分	得分
3	使用后处理	关闭瓶阀:顺时针关闭瓶阀手轮,关闭瓶阀	未完成本项不得分	5	
		系统放气:打开冲泄阀放掉空气呼吸器系统管路中压缩空气。等到不再有气流后,关闭冲泄阀	未完成本项不得分	5	
4	现场恢复	恢复呼吸器初始状态	未完成本项不得分	5	
合计					

表 2-7 过滤式防毒面具考核评分表

序号	考核项目	考核内容	评分标准	配分	得分
1	使用前检查	检查面具是否有裂痕、破口	未完成本项不得分	8	
		检查呼气阀片有无变形、破裂及裂痕	未完成本项不得分	8	
		检查头带是否有弹性	未完成本项不得分	8	
		检查滤毒盒座密封圈是否完好	未完成本项不得分	9	
		检查滤毒盒是否在使用期内	未完成本项不得分	9	
2	佩戴操作	防毒面具佩戴密合性测试。左手托住面具下端,从下巴套上面具,双手将调节带拉紧,将手指并拢轻微弯曲成凹面,手掌盖住呼气阀并缓缓呼气,如面部感觉到有一定压力,但没感觉到有空气从面部和面罩之间泄漏,表示佩戴密合性良好	未完成本项不得分	15	
		去掉滤毒盒密封盖,将滤毒盒接口垂直对准面具上的螺旋接口	未完成本项不得分	10	
		左手托住面具下端,从下巴套上面具,将面具盖住口鼻,然后将头部调节带拉至头顶,用双手将下面的头带拉向颈后,揭开滤毒盒底端密封塞	未完成本项不得分	9	
3	使用后处理	摘下面罩	未完成本项不得分	8	
		卸下滤毒盒	未完成本项不得分	8	
4	现场恢复	恢复呼吸器初始状态	未完成本项不得分	8	
合计					

表 2-8 心肺复苏术考核评分表

序号	考核项目	考核内容	评分标准	配分	得分
1	判断意识	拍患者肩部,大声呼叫患者	未完成本项不得分	5	
2	呼救	环顾四周,请人协助,解衣扣,摆体位	未完成本项不得分	5	
3	判断颈动脉搏	手法正确(单侧触摸,时间不少于5s)	未完成本项不得分	5	
4	定位	胸骨下1/3处,一手掌根部放于按压部位,另一手平行重叠于该手手背上,手指并拢,以掌根部接触按压部位,双臂位于患者胸骨的正上方,双肘关节伸直,利用上身重量垂直下压	未完成本项不得分	10	
5	胸外按压	按压速率每分钟至少100次,按压幅度至少5cm(每个循环按压30次,时间15~18s)	未完成本项不得分	20	

序号	考核项目	考核内容	评分标准	配分	得分
6	打开气道	下颌角与耳垂的连线与地面垂直,如有异物应先清除异物	未完成本项不得分	5	
7	吹气	吹气时看到胸廓起伏,吹气完毕,立即离开口部,松开鼻腔,视患者胸廓下降后,再次吹气(每个循环吹气2次)	未完成本项不得分	15	
8	判断	完成5次循环后判断有无自主呼吸、心跳	未完成本项不得分	5	
9	整体质量判定有效指征	有效吹气10次,有效按压150次,并判定效果(从开始考核到最后一次吹气,总时间不超过150s)	未完成本项不得分	25	
10	整理	安置患者,整理服装,摆好体位,整理用物	未完成本项不得分	5	
合计					

表 2-9 医用担架考核评分表

序号	考核项目	考核内容	评分标准	配分	得分
1	伤员固定	伤员肢体在担架内	未完成本项不得分	16	
		胸部绑带固定	未完成本项不得分	16	
		腿部绑带固定	未完成本项不得分	16	
2	搬运	抬起伤员时,先抬头后抬脚	未完成本项不得分	16	
		放下伤员时,先放脚后放头	未完成本项不得分	16	
		搬运时伤员脚在前,头在后	未完成本项不得分	20	
合计					

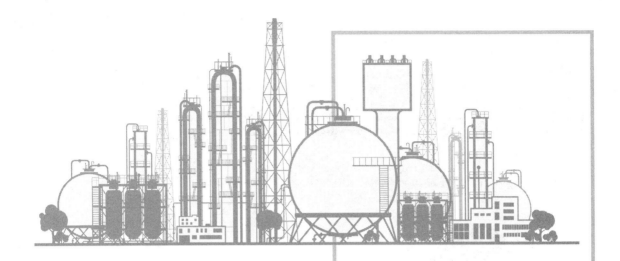

模块三

常见化工工艺安全实训装置操作

常见化工工艺安全实训装置，可以通过声光、烟雾等效果模拟事故发生场景，如火灾、中毒、大面积泄漏、超温超压和断电等，利用现场操作和软件操作DCS（分布式控制系统）完成事故处置。装置的设置主要考核安全生产实践能力。需要在熟悉工艺安全基础知识的前提下，掌握生产过程所包含的化学反应类型及化工过程和设备操作特点，针对不安全因素及时有效地进行工艺操作和调整，并对突发的安全隐患问题做出判断和处置。

项目一
PVC聚合工艺事故处理

1. 熟悉 PVC 聚合工艺流程；
2. 会进行 PVC 聚合工艺交接班工作；
3. 能完成 PVC 聚合工艺中毒、着火、泄漏、超温超压、停电事故处理；
4. 能树立安全第一的理念，并影响周围人；
5. 培养团结合作的精神。

任务一　贯通 PVC 聚合工艺流程

聚合是一种或几种小分子化合物变成大分子化合物（也称高分子化合物或聚合物，通常分子量为 $1\times10^4 \sim 1\times10^7$）的反应，涉及聚合反应的工艺过程为聚合工艺。聚合工艺的种类很多，按聚合方法可分为本体聚合、悬浮聚合、乳液聚合、溶液聚合等。其工艺特点是：①聚合原料具有自聚和燃爆危险性；②如果反应过程中热量不能及时移出，随物料温度上升，所产生的热量使裂解和暴聚过程进一步加剧，进而引发反应器爆炸；③部分聚合助剂危险性较大。

典型的聚合工艺主要有聚烯烃生产工艺、聚氯乙烯生产工艺、合成纤维生产工艺、橡胶生产工艺、乳液生产工艺、涂料黏合剂生产工艺、氟化物聚合工艺等。其中聚氯乙烯生产工艺由于聚氯乙烯 PVC 的应用非常广泛，成为最常见的聚合工艺之一。

一、PVC 认知及其主要应用

1. PVC 产品基本认知

聚氯乙烯（polyvinyl chloride，PVC），是氯乙烯单体（vinyl chloride monomer，VCM）

在过氧化物、偶氮化合物等引发剂，或光、热作用下按自由基聚合反应机理聚合而成的聚合物。氯乙烯均聚物和氯乙烯共聚物统称为氯乙烯树脂。PVC（图 3-1）为无定形结构的白色粉末，支化度较小，相对密度在 1.4 左右，玻璃化温度为 77～90℃，170℃ 左右开始分解，对光和热的稳定性差，在 100℃ 以上或经长时间阳光曝晒，就会分解产生氯化氢，并进一步自动催化分解，引起变色，物理力学性能也迅速下降，在实际应用中必须加入稳定剂以提高对热和光的稳定性。工业生产的 PVC 分子量一般在 5 万～11 万范围内，具有较大的多分散性，分子量随聚合温度的降低而增加；无固定熔点，80～85℃ 开始软化，130℃ 变为黏弹态，160～180℃ 开始转变为黏流态；有较好的力学性能，抗张强度在 60MPa 左右，冲击强度为 5～10kJ/m^2；有优异的介电性能。

图 3-1 PVC 产品

2. PVC 的主要应用

聚氯乙烯具有较高的机械强度和较好的耐蚀性，可用于制作化工、纺织等工业的废气排污排毒塔、气体液体输送管，还可代替其它耐蚀材料制造贮槽、离心泵、通风机和接头等。当增塑剂加入量达 30%～40% 时，便制得软质聚氯乙烯，其延伸率高，制品柔软，并具有良好的耐蚀性和电绝缘性，常制成薄膜，用于工业包装、农业育秧和日用雨衣、台布等，还可用于制作耐酸碱软管、电缆包皮、绝缘层等。

由于化学稳定性高，所以可用于制作防腐管道、管件、输油管、离心泵和鼓风机等。聚氯乙烯的硬板广泛应用于化学工业上制作各种贮槽的衬里，建筑物的瓦楞板、门窗结构、墙壁装饰物等建筑用材。由于电绝缘性能优良，可在电气、电子工业中，用于制造插头、插座、开关和电缆。在日常生活中，聚氯乙烯用于制造凉鞋、雨衣、玩具和人造革等。

二、聚氯乙烯工艺流程

1. PVC 的生产原理及生产方法

聚氯乙烯是由氯乙烯单体通过聚合反应得到的，其反应如下：

$$n\text{CH}_2\!=\!\text{CHCl} \longrightarrow \text{—}\!\!\left(\text{CH}_2\text{—CHCl}\right)\!\!\overline{}_{n}$$

目前世界上 PVC 的主要生产方法有 4 种：悬浮法、本体法、乳液法和溶液法。

悬浮聚合是指将液态的 VCM 在搅拌的作用下分散成细小液滴悬浮于水或其他介质中，通过分散剂、引发剂的作用进行的聚合反应。悬浮法聚合生产工艺成熟、操作简单、生产成本低、产品品种多、应用范围广，一直是生产 PVC 树脂的主要方法，目前世界上 90％的 PVC 树脂（包括均聚物和共聚物）都是出自悬浮法生产装置。

乳液聚合与悬浮聚合基本类似，只是要采用更为大量的乳化剂，并且不是溶于水中而是溶于单体中。这种聚合体系可以有效防止聚合物粒子的凝聚，从而得到粒径很小的聚合物树脂，一般乳液法生产的 PVC 树脂的粒径为 $0.1\sim0.2\mu m$，悬浮法为 $20\sim200\mu m$。

本体法生产工艺在无水、无分散剂，只加入引发剂的条件下进行聚合，不需要后处理设备，投资小、节能、成本低。用本体法生产的 PVC 树脂制品透明度高、电绝缘性好、易加工，用来加工悬浮法树脂的设备均可用于加工本体法树脂。

溶液聚合是指单体溶解在一种有机溶剂（如正丁烷或环己烷）中引发聚合，随着反应的进行，聚合物沉淀下来。溶液聚合反应专门用于生产特种氯乙烯与醋酸乙烯共聚物。溶液聚合反应生产的共聚物纯净、均匀，具有独特的溶解性和成膜性。

2. PVC 聚合工艺流程

本聚氯乙烯工艺采用悬浮法。

① 悬浮聚合的过程是先将去离子水用泵打入聚合釜 R2001 中，启动搅拌器，随后依次将消泡剂、引发剂及其他助剂加入聚合釜内。

② 氯乙烯单体由氯乙烯单体储罐 V9001 经过滤器过滤后加入聚合釜内，向聚合釜夹套内通入蒸汽和热水，通过调节阀门 HV1101 开度控制热媒流量，从而控制聚合釜内温度。达到一定温度后，聚合釜内发生氯乙烯聚合反应。当聚合釜内温度升高至聚合温度（$50\sim58℃$）后，通冷却水，通过调节阀门 HV1102 开度控制冷媒流量，控制聚合温度不超过规定温度 $\pm0.5℃$。当转化率为 60％～70％时，有自加速现象发生，反应加快，放热现象激烈，应加大冷却水量。

③ 反应过程中压力基本稳定，待釜内压力开始下降时，表明反应基本完成，加入终止剂使反应终止，泄压出料。

当转化率达到 85％～90％时，PVC 树脂颗粒形态、疏松程度及结构性能处于较好的状态。因为聚氯乙烯颗粒的疏松程度与泄压膨胀的压力有关，所以要根据不同要求控制泄压压力。

④ 聚合釜 R2001 内反应产物经聚合釜转料泵 P2001A/B 送入出料槽 V1101。由于氯乙烯颗粒的溶胀和吸附作用，聚合釜出料的浆料中仍含有少量的单体。未聚合的氯乙烯单体经泡沫捕集器排入氯乙烯气柜，循环使用。被氯乙烯气体带出的少量树脂在泡沫捕集器中捕下来，流至沉降池中，作为次品处理。

⑤ 聚合物悬浮液经浆料泵 P1101A/B 送入换热器，加热后送入汽提塔，浆料与蒸汽逆向接触后，进一步除去氯乙烯单体，再送入过滤和洗涤。

PVC 聚合工艺流程如图 3-2 所示。

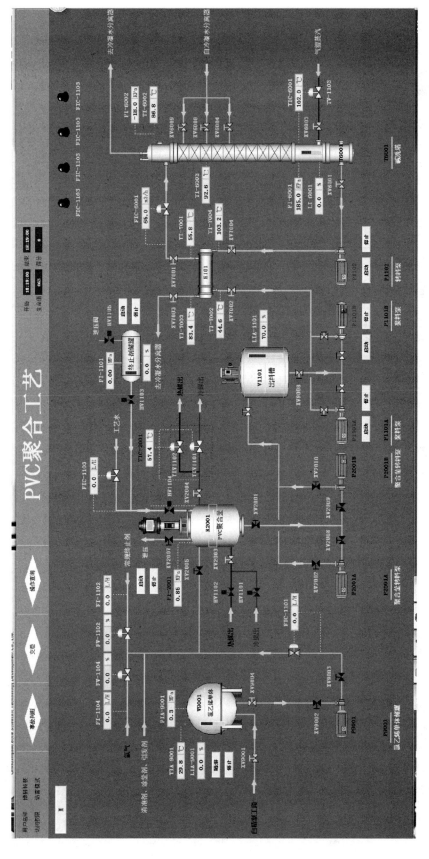

图 3-2 PVC 聚合工艺流程图

活动1:查阅资料,完成PVC聚合工艺反应原料和产品性质表3-1。

表3-1 PVC聚合工艺反应原料和产品性质表

原料和产品	物理性质	化学性质	危险性	防护措施

活动2:根据工艺流程查找主要工艺设备,分小组对照装置描述工艺流程(表述清楚设备名称、位置及设备仪表、阀门等)。

任务二 PVC聚合工艺交接班操作

化工生产具有易燃、易爆、有毒有害、高温、高压、有腐蚀性等特点,与其他工业部门相比具有更大的危险性。其事故原因可总结为人的不安全行为、物的不安全状态和管理的缺陷。只有平时严格遵守规章制度和操作规程才能保障安全生产。交接班工作是化工企业班组间日常工作中重要的一个环节,因此需要格外重视。

案例导引

2006年4月22日上午,山东东营某化学品公司双氧水车间两名操作员像往常一样,在完成交接班后一起至现场例行检查,当他们巡检完毕准备离开操作间时突然听到外面传来"刺刺"声,接着传来一声巨大的爆炸声,顿时车间内浓烟滚滚,情急之下,两名操作员从窗户跳下,经过雨棚落到地下。事发当时,有两名济南工艺设备安装公司人员正在车间内拆除脚手架,他们在逃离现场过程中,一人被大火烧死,另一人被烧伤。该事故使整个车间所有设备厂房全部报废,直接经济损失在302万元以上。

原因分析:

① 按照操作规程,车间氧化残液分离器在完成排液操作后,罐顶的放空阀必须打开。而事发时罐顶的放空阀是关闭的,造成残液罐内双氧水分解后产生的压力不能及时有效地泄放,容器在极度超压下发生爆炸。爆炸产生的碎片击中旁边的氢化液气液分离器、氧化塔下进料管及储槽管线,使氢化液罐内的氢气和氢化液发生爆炸燃烧,继而形成车间的大面积火灾。

② 调查组询问得知,交班操作员朱某交给接班操作员之前,未按规定将氧化残液分离器罐顶的放空阀打开,而是准备交给接班后的人员处理,但又没有交代清楚。接过工作后,接班操作员又想当然地认为朱某肯定已将氧化残液分离器罐顶的放空阀打开而没有进一步核实,最终导致了悲剧的发生。

相关知识

一、交接班"十交五不接"

化工企业交接班有十交五不接。

1. 十交

① 本班生产情况；

② 工艺指标的执行情况和存在问题；

③ 事故原因和处理情况及处理结果；

④ 设备运转和维护保养情况；

⑤ 仪器、仪表、工具的保管和使用情况；

⑥ 记录表的填写保护情况；

⑦ 室内外及设备卫生情况；

⑧ 跑、冒、滴、漏及机械用油情况；

⑨ 安全生产情况；

⑩ 领导的指示。

2. 五不接

① 交班项目交代不清不接；

② 存在不安全因素不接；

③ 事故原因不清，处理不完不接；

④ 设备运转异常不接；

⑤ 工具不全，设备、现场不清不接。

二、PVC 聚合工艺交接班

交接班考核由 3 名同学各自完成相关内容，其中班长（M）完成重大危险源管理相关考核内容，外操（P）完成现场工艺巡检的相关考核内容，内操（I）完成异常工艺参数的调节、调稳操作。

1. 重大危险源管理（班长）

重大危险源的管理考核由班长完成，主要是相关工艺涉及的化学介质安全周知卡以及相关工艺特点的安全警示牌的知识考核。

2. 装置现场的工艺巡查（外操）

装置现场的工艺巡查由外操现场巡查完成，其主要是考核外操人员根据具体的工艺判断关键控制点并进行相应的检查。

3. 生产工艺控制调节（内操）

生产工艺控制调节主要由内操完成，其主要是考核具体工艺的关键参数的实时调整，稳定生产过程，保证生产的安全进行。

一、交接班分工

制定交接班记录表。

学生分为三人一组并分配角色，其中内操、班长、外操各一名。要求能够描述各自的岗位职责和主要工作内容。

二、安全标识识读

班长正确选择危险化学品安全周知卡：氯乙烯与聚氯乙烯的安全周知卡。因其具有易燃易爆及有毒性质，禁止标志为禁止烟火、禁止吸烟、禁止穿化纤服装；警告标志为当心烫伤、当心中毒、当心爆炸、当心火灾。

三、查找仪表阀门

根据工艺流程图，熟悉现场交接班相关阀门及仪表位置。

四、安全要求

① 交接班过程中需穿戴工服、安全帽、线手套等个人防护用品；
② 进入装置前，双手消除静电；
③ 上下楼梯，双手扶把手，每次跨一阶楼梯。

五、聚氯乙烯交接班考核细则

在化工企业班组间的交接班工作是日常工作中重要的一个环节，本考核环节要求三名同学各自完成相应的工作，其中班长完成重大危险源管理相关考核内容，外操完成装置现场的工艺巡查相关考核内容，内操完成生产工艺控制调节相关考核内容，见表 3-2。

表 3-2　聚氯乙烯交接班考核细则

序号	工作内容	考核项	项目	分工	项目内容	考核内容
1	交接班工作内容考核	重大危险源管理	危险化学品安全周知卡	班长（M）	氯乙烯安全周知卡	
					聚氯乙烯安全周知卡	
			重大危险源安全警示牌		禁止标志	禁止烟火
						禁止吸烟
						禁止穿化纤服装
					警告标志	当心烫伤
						当心中毒
						当心爆炸
						当心火灾

序号	工作内容	考核项	项目	分工	项目内容	考核内容
1	交接班工作内容考核	现场巡查	装置现场工艺巡查	外操（P）	现场关键阀门巡检	聚合釜底阀 XV2001
						聚合釜夹套进口控制阀 XV2003
						聚合釜夹套出口控制阀 XV2004
						助剂控制阀 XV2005
						紧急终止剂控制阀 XV2006
					现场关键仪表及安全设施巡检	聚合釜压力表 PI2001
						聚合釜温度计 TI2001
						可燃气体报警器 1#
						可燃气体报警器 2#
						有毒气体报警器 1#
						有毒气体报警器 2#
		工艺控制	生产工艺控制调节	内操（I）	工艺调节(汽提塔进料偏低,进料量波动,造成系统参数不稳,影响产品质量)	将 FIV6001 调成手动
						调节流量值(调节 FIV6001 开度值控制流量,稳定一段时间)
						调稳后投自动

任务评价

考核评分表见表 3-3。

表 3-3　考核评分表

考核内容	考核项目	评分标准	评分结果		配分	得分	合计
氯乙烯安全周知卡	正确选择安全周知卡	选择错误本项不得分	是□	否□	9		
聚氯乙烯安全周知	正确选择安全周知卡	选择错误本项不得分	是□	否□	9		
重大危险源安全警示牌	禁止烟火	未完成本项不得分	是□	否□	4		
	禁止吸烟	未完成本项不得分	是□	否□	4		
	禁止穿化纤服装	未完成本项不得分	是□	否□	4		
	当心烫伤	未完成本项不得分	是□	否□	4		
	当心中毒	未完成本项不得分	是□	否□	4		
	当心爆炸	未完成本项不得分	是□	否□	4		
	当心火灾	未完成本项不得分	是□	否□	4		

考核内容	考核项目	评分标准	评分结果		配分	得分	合计
工艺巡查（现场"常时"巡检牌）	XV2001	调整到"阀门检查"状态	是☐	否☐	4		
	XV2003	调整到"阀门检查"状态	是☐	否☐	4		
	XV2004	调整到"阀门检查"状态	是☐	否☐	4		
	XV2005	调整到"阀门检查"状态	是☐	否☐	4		
	XV2006	调整到"阀门检查"状态	是☐	否☐	4		
	PI2001	调整到"仪表检查"状态	是☐	否☐	4		
	TI2001	调整到"仪表检查"状态	是☐	否☐	4		
	可燃气体报警器1#	调整到"仪表检查"状态	是☐	否☐	4		
	可燃气体报警器2#	调整到"仪表检查"状态	是☐	否☐	4		
	有毒气体报警器1#	调整到"仪表检查"状态	是☐	否☐	4		
	有毒气体报警器2#	调整到"仪表检查"状态	是☐	否☐	4		
DCS系统评分	FIV6001	手动,未选择本项不得分	是☐	否☐	2		
	稳定流量	$(65\pm1)m^3/h$,未选择本项不得分	是☐	否☐	6		
	FIV6001	自动,未选择本项不得分	是☐	否☐	2		
合计							

任务三　PVC聚合工艺中毒事故处置

案例导引

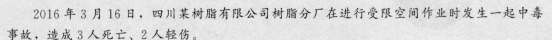

2016年3月16日，四川某树脂有限公司树脂分厂在进行受限空间作业时发生一起中毒事故，造成3人死亡、2人轻伤。

3月16日上午7时50分左右，树脂分厂安排外包劳务工程队3名施工人员对聚氯乙烯实验装置进行清釜作业，3人进入釜内后，先后出现中毒现象。实验室人员先将悬梯上的1名施工人员救出，再次下釜施救时，也出现中毒现象。公司其他人员佩戴空气呼吸器进入聚合釜内将3人救出，送医院经抢救无效死亡。

根据初步分析，事故的直接原因是：进入受限空间作业管理不到位，聚合釜与系统没有有效隔绝，氯乙烯串入了正在作业的聚合釜中造成人员中毒，加之施救处置不当，导致事故发生。

任务
准备

个人防护用品包括安全帽、化学防护服、正压式空气呼吸器，应急物品包括医用担架。

一、氯乙烯认知

　　本次中毒事故的起因主要是氯乙烯，思考氯乙烯是否属于危险化学品，属于哪类危险化学品，针对其危险特性，应该采取哪些应急措施？

　　通过查阅相关标准规范，氯乙烯属于危险化学品。根据《危险货物分类和品名编号》（GB 6944—2012），氯乙烯属于第2.1类易燃气体。氯乙烯具有易燃、有毒等危险特性。详情见氯乙烯安全周知卡，如图3-3所示。针对氯乙烯有毒的性质，本次事故处置需要做好个

危险化学品安全周知卡

危险性类别	品名、英文名及分子式、CC码及CAS码	危险性标志
有毒 易燃	氯乙烯 chloroethylene C_2H_3Cl CAS：75-01-4	

危险性理化数据	危险特性
熔点(℃)：-159.8 相对密度(水=1)：0.91 沸点(℃)：-13.4 闪点(℃)：-78	易燃，其蒸气与空气可形成爆炸性混合物，遇明火、高热能引起燃烧爆炸。燃烧或无抑制剂时可发生剧烈聚合，其蒸气比空气重，能在较低处扩散到相当远的地方，遇火源会着火回燃。

接触后表现	现场急救措施
氯乙烯是一种刺激物，短时接触低浓度，能刺激眼和皮肤，与其液体接触后由于快速蒸发能引起冻伤。对人体有麻醉作用，能抑制中枢神经系统。轻度中毒时病人出现眩晕、胸闷、嗜睡、步态蹒跚等；严重中毒可发生昏迷、抽搐，甚至造成死亡。慢性中毒：表现为神经衰弱综合征、肝肿大。	皮肤接触：立即脱去被污染的衣着，用大量流动清水冲洗。至少15分钟。就医。 眼睛接触：立即提起眼睑，用大量流动清水或生理盐水彻底冲洗至少15分钟。就医。 吸入：迅速脱离现场至空气新鲜处。保持呼吸道通畅。如呼吸困难，给输氧。如呼吸停止，立即进行人工呼吸。就医。

身体防护措施

泄漏处理及防火防爆措施
迅速撤离泄漏污染区人员至上风处，并进行隔离，切断火源。建议应急处理人员戴自给正压式呼吸器，穿防静电工作服。尽可能切断泄漏源。用工业复盖层或吸附/吸收剂盖住泄漏点附近的下水道等地方，防止气体进入。合理通风，加速扩散。喷雾状水稀释、溶解。构筑围堤或挖坑以收容产生的大量废水。如有可能，将残余气或漏出气用排风机送至水洗塔或与塔相连的通风棚内。漏气容器要妥善处理，修复、检验后再用。

浓度	当地应急救援单位名称	当地应急救援单位电话
MAC(mg/m^3)：30	市消防中心 市人民医院	市消防中心：119 市人民医院：120

图 3-3 氯乙烯安全周知卡

人防护，注意选择化学防护服和正压式空气呼吸器。

二、应急救援方位

📖 想一想

　　救助中毒者时需要使用医用担架，思考如果现场为西北风，应该将被救助者放到哪里？

　　一旦化工企业的危险化学品出现泄漏，有毒有害的物质会顺风流动，在下风向，有毒有害的物质浓度会相对较大。为了减少有毒有害物质的伤害，企业职工和周边居民应逆风向疏散，即朝上风向走。此时，若能看到设在高处的风向标，可帮助人们辨清方向。为此，《化工企业安全卫生设计规范》中明确规定：在有毒有害的化工生产区域应设风向标。

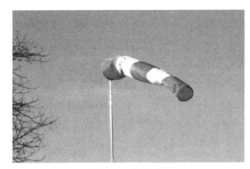

图 3-4　风向标

　　风向标有多种形式，可以用金属制作成箭头式，也可作成风袋式，如图 3-4 所示，最简易的是在设备的最高处竖一立杆，在杆子上插上小红旗。

　　因此如果现场为西北风，应将人置于西北向位置。

三、PVC 聚合工艺中毒事故现象

　　现场报警灯报警，上位机有毒气体报警，聚合釜现场安全阀底部法兰泄漏，有烟雾，现场有人员呼喊"救命"，如图 3-5 所示。

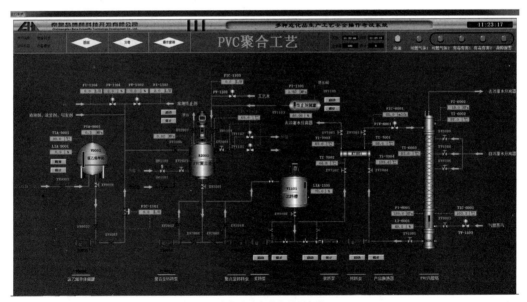

(a) 上位机有毒气体报警器报警

(b) 聚合釜法兰处有烟雾

(c) 现场报警灯报警，有人员喊救命

图 3-5　事故现象

熟悉聚合釜泄漏中毒事故处理方法，按考核内容分组练习。

根据规程进行处置，要坚持先救人后救物、先重点后一般、先控制后消灭的总原则灵活果断处置，防止事故扩大。班长（M）、外操（P）、内操（I）三个人一组，进行分组练习。教师结合完成情况进行实时评价打分，结合学生学习成果进行教学反馈，并点评。重点放在知识点掌握、技能熟练度以及职业素养表现等方面。

1. 事故预警

内操首先发现上位机有毒气体报警器报警,向班长汇报。

[I]—报告班长,DCS有毒气体报警器报警,原因不明。

2. 事故确认

班长通知外操去现场查看。

[M]—收到!请外操进行现场查看。

3. 事故汇报

外操进入装置区首先需要消除静电。外操通过巡视发现聚合釜法兰泄漏,装置一楼有人员中毒,向班长汇报。

[P]—收到!报告班长聚合工段聚合釜安全阀法兰泄漏有人员中毒,初步判断可控。

4. 启动预案及事故判断

班长根据外操汇报,通知内操外操启动聚合釜泄漏应急预案和聚合工段人员中毒应急预案,并向调度室汇报。

[M]—收到!内操外操注意!立即启动聚合釜泄漏应急预案,立即启动聚合工段人员中毒应急预案。

[M]—报告调度室,聚合工段聚合釜发生泄漏事故,有人员中毒,已启动聚合釜泄漏应急预案和聚合工段人员中毒应急预案。

[I]—软件选择事故:聚合釜泄漏中毒事故。

5. 事故处理

内操从DCS界面关闭夹套热媒出口与进口,打开冷媒出口与进口,控制聚合釜内的反应温度,加入终止剂,降低聚合釜内的反应速率,最后需要与外操配合完成聚合釜泄压。

外操和班长迅速穿戴化学防护服、隔热服、正压式空气呼吸器进入现场。使用医用担架将中毒人员转移至上风向,并实施心肺复苏术(延伸考核)。

注:[I]——内操,[M]——班长,[P]——外操。具体操作步骤如表3-4。

表3-4 PVC聚合工艺中毒事故操作步骤

序号	操作步骤
1	[I]—将热媒出口控制阀TV1102调至手动并关闭
2	[I]—关闭热媒进口控制阀HV1102
3	[I]—将冷媒出口控制阀TV1101调至手动,满开。
4	[I]—开启冷媒进口控制阀HV1101
5	[I]—开启终止剂加入程序
6	[I]—开启HV1103
7	[I]—开启HV1104
8	[I]—密切关注终止剂加入,完成加入操作后关闭终止剂加入程序(初始为40%,加入终止点为20%左右)
9	[I]—关闭HV1103
10	[I]—关闭HV1104
11	[I]—开启HV1105,泄压

序号	操作步骤
12	[I]—当 P1101 降至 0.1MPa 以下后关闭 HV1105
13	[M/P]—正确穿戴化学防护服/自给式呼吸器
14	[M/P]—正确使用医用担架
15	[M/P]—将中毒人员转移至通风点
16	[P]—现场拉警戒线/设警戒标志
17	[P]—开启聚合釜泄压阀门 XV2007
18	[P]—当温度稳定在 58℃ 左右及釜内压力 PI2001 降至 0.1MPa 以下时,关闭阀门 XV2007
19	[M]—进行心肺复苏考核内容

6. 事故处理完成向调度室汇报,并恢复现场

① 班长报告调度室,事故处理完毕,请求恢复现场。

② 对现场进行恢复。

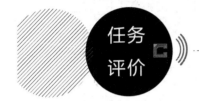

考核评分表见表 3-5。

表 3-5　聚合釜泄漏中毒事故考核评分表

考核内容	考核项目(PVC 聚合工艺)	评分标准	评分结果		配分	得分	备注
事故预警	关键词:报警器报警	汇报内容未包含关键词,本项不得分	是□	否□	1		
事故确认	关键词:现场查看	汇报内容未包含关键词,本项不得分	是□	否□	1		
事故汇报	关键词:聚合工段	汇报内容未包含关键词,本项不得分	是□	否□	1		
	关键词:聚合釜	汇报内容未包含关键词,本项不得分	是□	否□	1		
	关键词:安全阀	汇报内容未包含关键词,本项不得分	是□	否□	2		
	关键词:中毒	汇报内容未包含关键词,本项不得分	是□	否□	2		
	关键词:可控	汇报内容未包含关键词,本项不得分	是□	否□	2		
启动预案	关键词:泄漏应急预案	汇报内容未包含关键词,本项不得分	是□	否□	3		
	关键词:中毒应急预案	汇报内容未包含关键词,本项不得分	是□	否□	3		
汇报调度室	关键词:报告调度室	汇报内容未包含关键词,本项不得分	是□	否□	2		
	关键词:聚合工段/聚合釜/泄漏应急预案/中毒应急预案	汇报内容未包含关键词,本项不得分	是□	否□	2		
防护用品的选择及使用	班长/外操化学防护服穿戴正确	胸襟粘合良好,无明显异常	是□	否□	3		
		腰带系好,无明显异常	是□	否□	3		
		颈带系好,无明显异常	是□	否□	3		
	班长/外操呼吸器穿戴正确	面罩紧固良好,无明显异常	是□	否□	3		
		气阀与面罩连接稳固,未脱落	是□	否□	3		

考核内容	考核项目(PVC聚合工艺)	评分标准	评分结果		配分	得分	备注
安全措施	现场警戒1#位置	未展开警戒线,本项不得分	是□	否□	3		
	现场警戒2#位置	未展开警戒线,本项不得分	是□	否□	3		
医用担架的正确使用	伤员肢体在担架内(头部)	头部超出担架,本项不得分	是□	否□	2		
	胸部绑带固定	胸部插口未连接,本项不得分	是□	否□	2		
	腿部绑带固定	腿部插口未连接,本项不得分	是□	否□	2		
	抬起伤员时,先抬头后抬脚	抬起方式不正确,本项不得分	是□	否□	2		
	放下伤员时,先放脚后放头	放下方式不正确,本项不得分	是□	否□	2		
	搬运时伤员脚在前,头在后	搬运方式不正确,本项不得分	是□	否□	2		
中毒人员的转移正确	中毒人员转移至正确的位置(方向象限)	放置于正确象限,未完成不得分	是□	否□	3		
汇报调度室处理完成	完成后向裁判汇报	未汇报裁判,本项不得分	是□	否□	2		
DCS系统评分	事故选择	评分标准为:未选择,本项不得分	是□	否□	10		
	TV1102	手动-关闭	是□	否□	2		
	HV1102	关闭	是□	否□	2		
	TV1101	手动-满开	是□	否□	2		
	HV1101	开启	是□	否□	2		
	终止剂加入	开启	是□	否□	2		
	HV1103	开启	是□	否□	2		
	HV1104	开启	是□	否□	2		
	终止剂加入	(20±0.5)%	是□	否□	6		
	HV1103	关闭	是□	否□	2		
	HV1104	关闭	是□	否□	2		
	HV1105	开启	是□	否□	2		
	HV1105	关闭	是□	否□	2		
	XV2007	开启	是□	否□	2		
	XV2007	关闭	是□	否□	2		
合计							

任务四　氯乙烯球罐着火事故处置

案例导引

2015年7月16日7时38分,山东省日照市某科技石化有限公司1000m³液态烃球罐起火。事故原因为该公司油品储运车间违规进行倒罐作业,在切水作业过程中现场无人监守,致使液化石油气在水排完后从排水口泄出,遇点火源引起着火爆炸。

任务准备

个人防护用品包括安全帽、隔热服、过滤式防毒面具、褐色综合防毒滤毒罐等。

相关知识

一、氯乙烯球罐着火事故个人防护选用

想一想

氯乙烯球罐着火事故中所需个人防护用品有哪些?

根据氯乙烯安全技术说明书,氯乙烯是一种刺激物,短时接触低浓度,能刺激眼和皮肤,与其液体接触后由于快速蒸发能引起冻伤。对人体有麻醉作用,能抑制中枢神经系统。轻度中毒时患者出现眩晕、胸闷、嗜睡、步态蹒跚等,严重中毒可发生昏迷、抽搐,甚至造成死亡。慢性中毒表现为神经衰弱综合征、肝肿大、肝功能异常、消化功能障碍、雷诺氏现象及肢端溶骨症。皮肤可出现干燥、皲裂、脱屑、湿疹等。本品为致癌物,可致肝血管肉瘤。

因此针对氯乙烯有毒的性质,需要佩戴过滤式防毒面具,选择褐色综合防毒滤毒罐,同时需要穿戴隔热服。

二、氯乙烯球罐着火事故应急措施

想一想

熟悉氯乙烯球罐结构及工艺流程图 (图 3-6),说明氯乙烯球罐发生泄漏着火事故,应采取哪些措施?

氯乙烯球罐发生泄漏着火,首先需要切断氯乙烯球罐出料阀门 XV9004 和进料阀门 XV9001,防止火势蔓延。启动球阀喷淋系统,并开启消防水炮进行灭火。

消防水炮 (图 3-7) 是以水作介质,远距离扑灭火灾的灭火设备,适用于石油化工企业、储罐区、飞机库、仓库、港口码头、车库等场所,更是消防车理想的车载消防炮。

消防冷却水喷淋装置 (图 3-8) 是球罐上装设的一种水冷却降温设施,依据国家相关标准而设计。当喷淋/喷雾时可使被保护罐体笼罩在 $400\sim600mm$ 的水雾之中,达到迅速冷却、窒息灭火,操作安全简便。

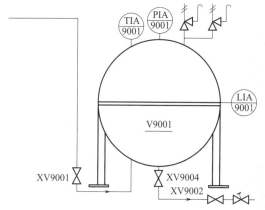

图 3-6　PVC 聚合工艺流程图局部

图 3-7　消防水炮

图 3-8　球罐消防冷却水喷淋装置

三、氯乙烯球罐着火事故现象

上位机可燃气体报警器报警；现场球罐有烟雾，火光；现场报警灯报警。（图 3-9）

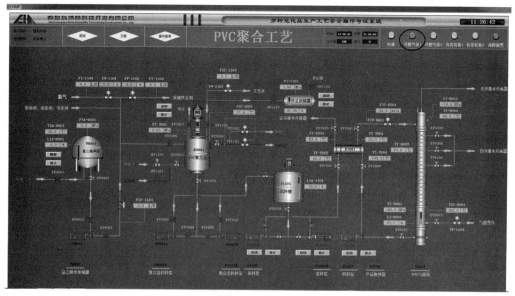

(a) 上位机可燃气体报警器报警

(b) 现场球罐有烟雾，火光

(c) 现场报警灯报警

图 3-9　氯乙烯球罐着火事故现象

熟悉氯乙烯球罐着火处置流程。

根据规程进行处置，要坚持先救人后救物、先重点后一般、先控制后消灭的总原则灵活果断处置，防止事故扩大。班长（M）、外操（P）、内操（I）三个人一组，进行分组练习。教师结合完成情况进行实时评价打分，结合学生学习成果进行教学反馈，并点评。重点放在知识点掌握、技能熟练度以及职业素养表现等方面。

1. 事故预警

内操首先发现上位机可燃气体报警器报警，向班长汇报。

[I]—报告班长，DCS可燃气体报警器报警，原因不明。

2. 事故确认

班长通知外操去现场查看。

[M]—收到！请外操进行现场查看。

3. 事故汇报

外操进入装置区首先需要消除静电。外操发现球罐区有烟雾和火光，向班长汇报。

[P]—收到！报告班长聚合工段氯乙烯球罐罐区泄漏着火，暂无人员伤亡，初步判断可控。

4. 启动预案及事故判断

班长根据外操汇报，通知内操外操启动氯乙烯泄漏着火应急预案和环境应急预案，并向调度室汇报。

[M]—收到！内操外操注意！立即启动氯乙烯泄漏着火应急预案和环境应急预案。

[M]—报告调度室，聚合工段氯乙烯球罐发生泄漏着火事故，已启动氯乙烯泄漏着火应急预案和环境应急预案。

[I]—软件选择事故：氯乙烯球罐着火事故。

5. 事故处理

内操从DCS界面迅速启动球罐喷淋系统，并拨打119和120急救电话。119火警电话汇报要点包括着火地点、燃烧介质、火势、是否有人员伤亡、身份及所处位置。120急救电话汇报要点包括泄漏地点、泄漏介质、严重程度、有无火情、是否有人员伤亡、身份及所处位置。

外操和班长迅速穿戴过滤式防毒面具、隔热服（作为延伸考核内容）和防护手套进入现场。首先需要切断氯乙烯球罐出料阀门XV9004和进料阀门XV9001，防止火势蔓延，然后开启消防水炮进行灭火。如表3-6所示。

表3-6　氯乙烯球罐着火事故处理流程

序号	操作步骤
1	[I]—启动球罐喷淋系统
2	[I]—拨打火警电话119
3	[I]—汇报着火地点
4	[I]—汇报燃烧介质
5	[I]—汇报火势
6	[I]—是否有人员伤亡
7	[I]—汇报身份(考试编号)及所处位置
8	[I]—拨打急救电话120
9	[I]—汇报泄漏地点
10	[I]—汇报泄漏介质

序号	操作步骤
11	[I]—汇报严重程度、有无火情
12	[I]—汇报是否有人员伤亡
13	[I]—汇报身份(考试编号)及所处位置
14	[M/P]—佩戴过滤式防毒面具、化学防护手套,进行静电消除
15	[P]—现场拉警戒线
16	[P]—关闭阀门 XV9004
17	[P]—关闭阀门 XV9001
18	[P]—选择消防器材(消防水炮),开启进水控制阀(现场阀)
19	[P]—进行灭火操作考核
20	[M]—进行隔热服考核

6. 事故处理完成向调度室汇报,并恢复现场

① 班长报告调度室,事故处理完毕,请求恢复现场。

② 对现场进行恢复。

考核评分表见表 3-7、表 3-8。

表 3-7 着火事故考核评分表 (79 分)

考核内容	考核项目(PVC 聚合工艺)	评分标准	评分结果		配分	得分	备注
事故预警	关键词:报警器报警	汇报内容未包含关键词,本项不得分	是□	否□	2		
事故确认	关键词:现场查看	汇报内容未包含关键词,本项不得分	是□	否□	2		
事故汇报	关键词:聚合工段	汇报内容未包含关键词,本项不得分	是□	否□	2		
	关键词:氯乙烯球罐	汇报内容未包含关键词,本项不得分	是□	否□	2		
	关键词:罐区	汇报内容未包含关键词,本项不得分	是□	否□	2		
	关键词:无人员伤亡	汇报内容未包含关键词,本项不得分	是□	否□	2		
	关键词:可控	汇报内容未包含关键词,本项不得分	是□	否□	2		
启动预案	关键词:着火应急预案	汇报内容未包含关键词,本项不得分	是□	否□	4		
	关键词:环境应急预案	汇报内容未包含关键词,本项不得分	是□	否□	4		
汇报调度室	关键词:报告调度室	汇报内容未包含关键词,本项不得分	是□	否□	2		
	关键词:聚合工段/氯乙烯球罐/着火应急预案/环境应急预案	汇报内容未包含关键词,本项不得分	是□	否□	2		

考核内容	考核项目(PVC 聚合工艺)	评分标准	评分结果		配分	得分	备注
防护用品的选择	班长/外操防毒面罩穿戴正确	收紧部位正常,无明显松动,有一人错误本项不得分	是□	否□	2		
	班长/外操防护手套穿戴正确	化学防护手套,佩戴规范,有一人错误本项不得分	是□	否□	3		
	滤毒罐 3♯罐(褐色)	选择滤毒罐佩戴,有一人错误本项不得分	是□	否□	5		
安全措施	班长/外操事故处理时进入装置前静电消除	有一人未静电消除,本项不得分	是□	否□	5		
	现场警戒 1♯位置	展开警戒线,将道路封闭,未操作本项不得分	是□	否□	3		
	现场警戒 2♯位置	展开警戒线,将道路封闭,未操作本项不得分	是□	否□	3		
汇报调度室处理完成	完成后向教师汇报	未汇报教师,本项不得分	是□	否□	3		
DCS系统评分	事故选择	评分标准为:未选择,本项不得分	是□	否□	10		
	XV9004	关闭	是□	否□	3		
	XV9001	关闭	是□	否□	3		
	消防水炮	开启	是□	否□	3		
	灭火	开启	是□	否□	10		
合计							

表 3-8　PVC 着火事故考核之 119 及 120 报警考核评分表（21 分）

考核内容	考核项目	评分标准	评分结果		配分	得分	备注
119 报警	拨打 119 报警电话	未拨打 119 本项不得分	是□	否□	3		
	关键词:"着火地点"	汇报内容未包含关键词,本项不得分	是□	否□	1.5		
	关键词:"介质"	汇报内容未包含关键词,本项不得分	是□	否□	1.5		
	关键词:"火势"	汇报内容未包含关键词,本项不得分	是□	否□	1.5		
	关键词:"无人员伤亡"	汇报内容未包含关键词,本项不得分	是□	否□	1.5		
	关键词:"报警人"	汇报内容未包含关键词,本项不得分	是□	否□	1.5		
120 报警	拨打 120 报警电话	未拨打 120 本项不得分	是□	否□	3		
	关键词:"泄漏地点"	汇报内容未包含关键词,本项不得分	是□	否□	1.5		
	关键词:"介质"	汇报内容未包含关键词,本项不得分	是□	否□	1.5		
	关键词:"火势"	汇报内容未包含关键词,本项不得分	是□	否□	1.5		
	关键词:"无人员伤亡"	汇报内容未包含关键词,本项不得分	是□	否□	1.5		
	关键词:"报警人"	汇报内容未包含关键词,本项不得分	是□	否□	1.5		
合计							

任务五　汽提塔塔顶法兰泄漏事故处置

案例导引

印度博帕尔灾难是历史上最严重的化学工业事故，其影响深远且持久。1984 年 12 月 3 日凌晨，印度中央邦首府博帕尔市的美国联合碳化物下属的联合碳化物（印度）有限公司设于贫民区附近的一所农药厂发生氰化物泄漏，引发了严重的后果。直接导致 2.5 万人丧生，55 万人间接死亡，另外致使 20 多万人永久残疾。至今，当地居民的患癌率及儿童夭折率，仍然因这场灾难而远高于其他印度城市。由于这次灾难性的事件，世界各国化学集团改变了拒绝与社区通报的态度，亦加强了安全措施。这次事件也激发了许多环保人士以及民众对化工厂选址的强烈反对，呼吁将化工厂设于远离居民区的地方。

个人防护用品包括安全帽、化学防护服、过滤式防毒面具、褐色综合防毒滤毒罐。

一、辨析汽提塔塔顶法兰泄漏原因

汽提塔塔顶接管与外管道之间采用法兰连接。法兰连接由一对法兰、一个垫片及若干个螺栓、螺母组成。法兰连接是一种可拆卸连接。原理是垫片放在两法兰密封面之间，拧紧螺母后，垫片表面上的比压达到一定数值后变形，并填满密封面上的凹凸不平处，使连接密封不漏（图 3-10）。

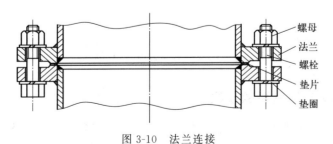

图 3-10　法兰连接

法兰泄漏的原因主要是垫片的失效渗漏，或者是垫片与法兰密封面间的间隙泄漏。

二、识别汽提塔各阀门的作用

做一做

结合工艺流程图，识别现场汽提塔阀门 XV6001、阀门 XV6003、阀门 XV6004、阀门 XV6008、阀门 XV6009，并说明作用。

由聚合釜排出的浆料，为降低残留在其中的氯乙烯的量和减少氯乙烯对环境的污染，用泵打入出料槽除去其中的大块物料，再将其送入汽提塔，在塔内与由塔底上升的蒸汽在塔板上进行逆流传质过程。塔顶逸出的含氯乙烯气体经冷凝，经真空泵送至氯乙烯气柜备用。塔釜底部浆料经热交换器冷却后进入混料槽，再送往离心机进行离心分离。阀门 XV6001 控制塔釜底部出料，XV6003 是塔底蒸汽进入的控制阀门，阀门 XV6004、阀门 XV6008、阀门 XV6009 控制来自冷凝水的物料（图 3-11）。

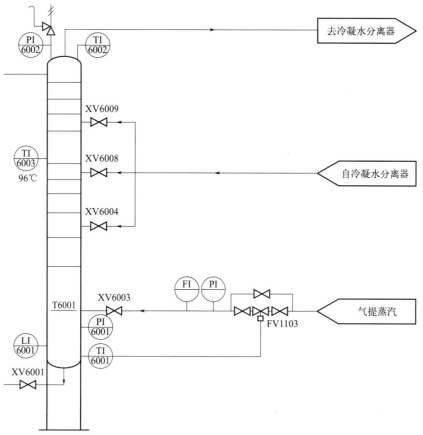

图 3-11　PVC 聚合工艺流程图（局部）

三、汽提塔塔顶法兰泄漏事故现象

上位机可燃气体报警器报警，汽提塔塔顶法兰泄漏，现场可燃气体报警器报警（图 3-12）。

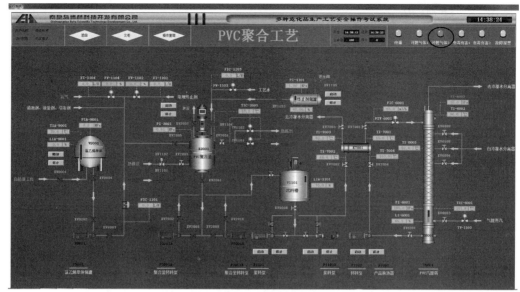

(a) 上位机可燃气体报警器报警

(b) 汽提塔塔顶法兰处有烟雾

(c) 现场报警器报警

图 3-12　汽提塔塔顶法兰泄漏事故现象

熟悉汽提塔塔顶法兰泄漏事故处理方法，按考核内容分组练习。

根据规程进行处置，要坚持先救人后救物、先重点后一般、先控制后消灭的总原则灵活果断处置，防止事故扩大。班长（M）、外操（P）、内操（I）三人一组，进行分组练习。教师结合完成情况进行实时评价打分，结合学生学习成果进行教学反馈，并点评。重点放在知识点掌握、技能熟练度以及职业素养表现等方面。

1. 事故预警

内操首先发现上位机汽提塔正压报警器报警，向班长汇报，班长通知外操去现场查看。

[I]—报告班长，DCS汽提塔正压报警器报警，原因不明。

2. 事故确认

班长通知外操去现场查看。

[M]—收到！请外操进行现场查看。

3. 事故汇报

外操进入装置区首先需要消除静电。外操发现聚合工段汽提塔顶法兰发生泄漏，向班长汇报。

[P]—收到！报告班长聚合工段汽提塔塔顶法兰泄漏，暂无人员伤亡，初步判断可控。

4. 启动预案及事故判断

班长根据外操汇报，通知内操外操启动汽提塔泄漏应急预案，并向调度室汇报。

[M]—收到！内操外操注意！立即启动汽提塔泄漏应急预案。

[M]—报告调度室，聚合工段汽提塔发生泄漏事故，已启动汽提塔泄漏应急预案。

[I]—软件选择事故：PVC汽提塔塔顶泄漏事故。

5. 事故处理

内操从DCS界面关闭塔底蒸汽控制阀TV1103、塔顶物料进口控制阀FIV6001，关闭出料槽浆料泵P1101A、汽提塔塔底转料泵P1102。

外操和班长迅速穿戴过滤式防毒面具、化学防护手套进入现场。配合内操关闭控制塔釜底部出料阀门XV6001、塔底蒸汽进入控制阀门XV6003，关闭控制冷凝水的阀门XV6004、阀门XV6008、阀门XV6009，如表3-9所示。

表3-9 汽提塔塔顶法兰泄漏事故处理流程

序号	操作步骤
1	[I]—将蒸汽控制阀TV1103调至手动并关闭
2	[I]—将物料进口控制阀FIV6001调成手动并关闭
3	[I]—关闭泵P1102
4	[I]—关闭泵P1101A
5	[M/P]—穿戴过滤式防毒面具、化学防护手套,进行静电消除

序号	操作步骤
6	[P]—现场拉警戒线
7	[P]—关闭阀门 XV6001
8	[P]—关闭阀门 XV6003
9	[P]—关闭阀门 XV6004
10	[P]—关闭阀门 XV6008
11	[P]—关闭阀门 XV6009
12	[M]—进行化学防护服考核

6. 事故处理完成向调度室汇报，并恢复现场

① 班长报告调度室，事故处理完毕，请求恢复现场。

② 将现场进行恢复。

考核评分表见表 3-10。

表 3-10　泄漏事故考核评分表

考核内容	考核项目(PVC 聚合工艺)	评分标准	评分结果		配分	得分	备注
事故预警	关键词:报警器报警	汇报内容未包含关键词,本项不得分	是□	否□	2		
事故确认	关键词:现场查看	汇报内容未包含关键词,本项不得分	是□	否□	2		
事故汇报	关键词:聚合工段	汇报内容未包含关键词,本项不得分	是□	否□	2		
	关键词:汽提塔	汇报内容未包含关键词,本项不得分	是□	否□	2		
	关键词:塔顶	汇报内容未包含关键词,本项不得分	是□	否□	2		
	关键词:无人员伤亡	汇报内容未包含关键词,本项不得分	是□	否□	2		
	关键词:可控	汇报内容未包含关键词,本项不得分	是□	否□	2		
启动预案	关键词:泄漏应急预案	汇报内容未包含关键词,本项不得分	是□	否□	5		
汇报调度室	关键词:报告调度室	汇报内容未包含关键词,本项不得分	是□	否□	2		
	关键词:聚合工段/汽提塔/泄漏应急预案	汇报内容未包含关键词,本项不得分	是□	否□	2		
防护用品的选择	班长/外操防毒面罩穿戴正确	收紧部位正常,无明显松动,有一人未佩戴或错误本项不得分	是□	否□	5		
	班长/外操防护手套穿戴正确	化学防护手套,佩戴规范,有一人未佩戴或错误本项不得分	是□	否□	5		
	滤毒罐 3♯罐(褐色)	选择滤毒罐佩戴,有一人未佩戴或错误本项不得分	是□	否□	5		

考核内容	考核项目(PVC聚合工艺)	评分标准	评分结果		配分	得分	备注
安全措施	班长/外操事故处理时进入装置前静电消除	有一人未静电消除,本项不得分	是□	否□	5		
	现场警戒1♯位置	展开警戒线,将道路封闭	是□	否□	5		
	现场警戒2♯位置	展开警戒线,将道路封闭	是□	否□	4		
汇报调度室处理完成	完成后向裁判汇报	汇报裁判	是□	否□	2		
DCS系统评分	事故选择	评分标准为:未选择,本项不得分	是□	否□	10		
	TV1103	手动关闭	是□	否□	4		
	FIV6001	手动关闭	是□	否□	4		
	P1102	关闭	是□	否□	4		
	P1101A	关闭	是□	否□	4		
	XV6001	关闭	是□	否□	4		
	XV6003	关闭	是□	否□	4		
	XV6004	关闭	是□	否□	4		
	XV6008	关闭	是□	否□	4		
	XV6009	关闭	是□	否□	4		
合计							

任务六　聚合釜超温超压事故处置

案例导引

2017年2月8日22时45分许,安徽某化工公司溶剂油罐发生燃爆事故。该公司为准备恢复生产,从2017年2月4日起,利用蒸汽对溶剂油罐内物料进行加热升温。经初步分析,可能是蒸汽管道上的一道阀门未完全关闭,造成罐内溶剂油温超高,溶剂油汽化导致压力增大,气、液溶剂油从罐内喷出,遇点火源引起燃爆。

任务准备

个人防护用品包括安全帽、普通工作服等。

一、聚合釜超温超压预防措施

📖 **想一想**

为了防止聚合釜超温超压可采取哪些措施?

1. 聚合釜防超温超压的安全技术措施

（1）夹套

聚合釜是氯乙烯单体聚合生成聚氯乙烯的设备。为了防止聚合反应超温超压，从结构设计上聚合釜外部有夹套。夹套是套在反应器壳体的外面能形成密封空间的容器。氯乙烯聚合的反应热量主要由釜壁夹套中的冷水带走，在聚合过程中，视放热情况控制阀门调节水量，在反应出现突然加速时可通过调节补充水量和循环水量的比例降低水温来保证放热增加的要求。

（2）搅拌装置

反应热的释放，釜内物料是否均匀与搅拌情况密切相关，为了更好地散热和反应稳定，应充分搅拌。

（3）安全阀

弹簧式安全阀（图 3-13）机理：利用弹簧的弹力，压住容器内的介质。当介质压力超过弹簧弹力所能维持的压力时，阀芯被顶起，介质向外排放，容器内压力迅速降低；当容器内压力小于弹簧弹力所能维持的压力时，阀芯再次与阀座闭合。

（4）安全仪表

压力表（图 3-14）和温度变送器（图 3-15）可以实时监测系统的压力和温度，并将信息传输到 DCS。一旦系统超温超压即可实现自动报警。

图 3-13　弹簧式安全阀

图 3-14　压力表

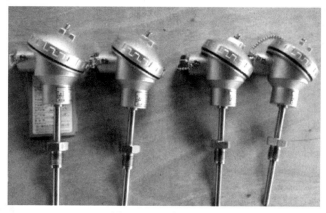

图 3-15　温度变送器

2. 聚合反应的反应机理

聚氯乙烯悬浮聚合工艺过程，是通过氯乙烯单体聚合而成的热塑性高聚物。

PVC 聚合总反应式：$n\text{CH}_2\!=\!\text{CHCl} \longrightarrow \text{+CH}_2\!-\!\text{CHCl+}_n$

生产原料主要是氯乙烯，其次包括缓冲剂、引发剂，终止剂等。氯乙烯单体和软水、引发剂及其他助剂加入聚合釜中，升温发生聚合反应，反应结束后，将釜内悬浮液送到碱处理槽，未反应氯乙烯从碱处理槽排出，经泡沫捕集器送至气柜。

本工艺采用两种终止剂，常规终止剂和紧急终止剂，常规终止剂通过有效地与引发剂反应，破坏引发剂，终止聚合反应。常规终止剂用于釜聚合反应正常结束时的聚合终止。紧急终止剂是在紧急事故状态下加入的。所以，这种终止剂只有在别无他法处理聚合反应的情况下才使用。

缓冲剂为本悬浮法聚氯乙烯生产工艺中使用的一种添加剂，缓冲剂的作用是在反应期间使悬浮反应体系 pH 值保持近似中性，因为 pH 呈中性有助于聚合胶体的稳定性。

引发剂是能引发单体进行聚合反应的物质。

二、识别聚合釜各阀门作用

📖 做一做

结合工艺流程图，识别现场聚合釜阀门 XV2003、阀门 XV2004、阀门 XV2005、阀门 XV2006、阀门 XV2001，并说明其作用。

通过工艺流程图（图 3-16）和现场装置，可以看出阀门 XV2003 是聚合釜夹套进口控制阀，阀门 XV2004 是聚合釜夹套出口控制阀，阀门 XV2006 是紧急终止剂控制阀门，阀门 XV2001 是 PVC 聚合釜出料阀门，阀门 XV2005 是常规终止剂控制阀门，PI2001 是聚合釜压力表，TI2001 是聚合釜温度计。

三、聚合釜超温超压事故现象

上位机聚合釜超温超压报警、现场报警灯报警（图 3-17）。

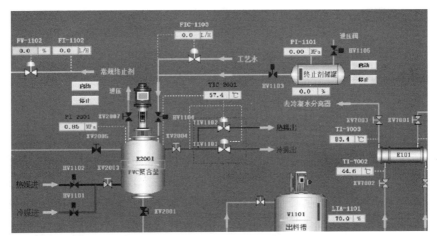

图 3-16　PVC 聚合工艺流程图局部

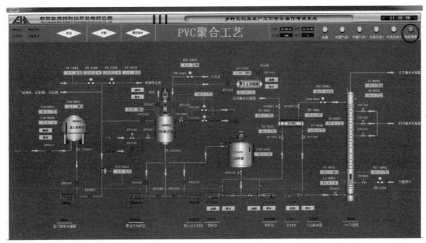

(a) 上位机聚合釜超温超压报警

(b) 现场报警灯报警

图 3-17　聚合釜超温超压事故现象

熟悉聚合釜超温超压事故处理方法。

根据规程进行处置，要坚持先救人后救物、先重点后一般、先控制后消灭的总原则灵活果断处置，防止事故扩大。班长（M）、外操（P）、内操（I）三人一组，进行分组练习。教师结合完成情况进行实时评价打分，结合学生学习成果进行教学反馈，并点评。重点放在知识点掌握、技能熟练度以及职业素养表现等方面。本次事故是由于聚合釜在生产过程中引发剂加入量过大，造成反应过快，聚合釜温度压力升高而造成的，有爆聚的可能。

1. 事故预警

内操首先发现上位机超温超压报警器报警，向班长汇报。

［I］—报告班长，聚合釜温度压力高，故障报警器报警，原因不明。

2. 事故确认

班长通知外操去现场查看。

［M］—收到！请外操进行现场查看。

3. 事故汇报

外操进入装置区首先需要消除静电。外操发现聚合釜压力表超压，向班长汇报。

［P］—收到！报告班长聚合工段聚合釜压力表超压，暂无人员伤亡，初步判断可控。

4. 启动预案及事故判断

班长根据外操汇报，通知内操外操启动聚合釜超温超压应急预案，并向调度室汇报。

［M］—收到！内操外操注意！立即启动聚合釜超温超压应急预案。

［M］—报告调度室，聚合工段聚合釜发生超温超压事故，已启动聚合釜超温超压应急预案。

［I］—软件选择事故：聚合釜超温超压事故。

5. 事故处理

内操从DCS界面关闭夹套热媒出口与进口，打开冷媒出口与进口，控制聚合釜内的反应温度，加入常规终止剂，降低聚合釜内的反应速率，调节聚合釜内的温度稳定在58℃左右，同时需要启动紧急终止剂控制阀，准备随时加入。

外操和班长需要打开现场常规终止剂控制阀门XV2005，保证常规终止剂能够进入聚合釜。同时外操和班长需要检查现场阀门XV2003、XV2004为满开状态，保证夹套进出口阀门是打开状态，通过冷流体带走反应热量。XV2006紧急终止剂控制阀门是满开状态，准备反应失控后，随时加入紧急终止剂。XV2001是关闭状态。

操作步骤如表3-11所示。

表3-11 聚合釜超温超压事故处理流程

序号	操作步骤
1	［I］—关闭热媒进口控制阀 HV1102
2	［I］—将热媒出口控制阀 TIV1102 调至手动并关闭

序号	操作步骤
3	[I]—开启冷媒进口控制阀 HV1101
4	[I]—将冷媒出口控制阀 TIV1101 调至手动,调节开度,控制温度
5	[P]—开启阀门 XV2005
6	[I]—开启 FV1102 调节滴加常规终止剂
7	[I]—启动紧急终止剂控制按钮,准备随时加入
8	[I]—压力温度调节控制
9	[I]—达到目标温度压力后关闭 FV1102
10	[I]—达到目标温度后 TIV1101 投自动
11	[I]—关闭紧急终止剂控制按钮
12	[I]—开启 HV1105,泄压
13	[I]—当 PI1101 为 0.1MPa 以下后关闭 HV1105
14	[P]—关闭阀门 XV2005
15	[P]—检查 XV2003 满开(翻牌)
16	[P]—检查 XV2004 满开(翻牌)
17	[P]—检查 XV2006 满开(翻牌)
18	[P]—检查 XV2001 关闭(翻牌)

6. 事故处理完成向调度室汇报,并恢复现场

① 班长报告调度室,事故处理完毕,请求恢复现场。

② 对现场进行恢复。

考核评分表见表 3-12。

表 3-12 聚合釜超温超压事故考核评分表

考核内容	考核项目(PVC 聚合工艺)	评分标准	评分结果		配分	得分	备注
事故预警	关键词:报警器报警	汇报内容未包含关键词,本项不得分	是□	否□	3		
事故确认	关键词:现场查看	汇报内容未包含关键词,本项不得分	是□	否□	3		
事故汇报	关键词:聚合工段	汇报内容未包含关键词,本项不得分	是□	否□	3		
	关键词:聚合釜	汇报内容未包含关键词,本项不得分	是□	否□	2		
	关键词:压力表超压	汇报内容未包含关键词,本项不得分	是□	否□	2		
	关键词:无人员伤亡	汇报内容未包含关键词,本项不得分	是□	否□	2		
	关键词:可控	汇报内容未包含关键词,本项不得分	是□	否□	2		
启动预案	关键词:超温超压应急预案	汇报内容未包含关键词,本项不得分	是□	否□	4		

考核内容	考核项目(PVC 聚合工艺)	评分标准	评分结果		配分	得分	备注
汇报调度室	关键词:报告调度室	汇报内容未包含关键词,本项不得分	是□	否□	2		
	关键词:聚合工段/聚合釜/超温超压应急预案	汇报内容未包含关键词,本项不得分	是□	否□	2		
关键阀门检查	检查 XV2003	将状态牌旋转至"事故时-事故勿动",未操作本项不得分	是□	否□	4		
	检查 XV2004	将状态牌旋转至"事故时-事故勿动",未操作本项不得分	是□	否□	4		
	检查 XV2006	将状态牌旋转至"事故时-事故勿动",未操作本项不得分	是□	否□	4		
	检查 XV2001	将状态牌旋转至"事故时-事故勿动",未操作本项不得分	是□	否□	4		
汇报调度室处理完成	完成后向裁判汇报	汇报裁判	是□	否□	2		
DCS系统评分	事故选择	评分标准为:未选择,本项不得分	是□	否□	10		
	HV1102	关闭	是□	否□	3		
	TIV1102	手动关闭	是□	否□	3		
	HV1101	开启	是□	否□	3		
	TIV1101	手动调整	是□	否□	3		
	XV2005	开启	是□	否□	3		
	FV1102	开启	是□	否□	3		
	紧急终止剂	开启	是□	否□	3		
	温度调整	$(58\pm1.5)℃$	是□	否□	10		
	FV1102	关闭	是□	否□	3		
	TIV1101	自动	是□	否□	3		
	紧急终止剂	关闭	是□	否□	3		
	HV1105	开启	是□	否□	2		
	HV1105	关闭	是□	否□	2		
	XV2005	关闭	是□	否□	3		
合计							

任务七　聚合工段短时停电事故处置

案例导引

　　2004 年 2 月,某公司电气试验班职工在未认真确认设备的情况下,误将运行的Ⅰ段进线短路器手动跳闸,造成全厂停电事故。

任务准备

个人防护用品包括安全帽、普通工作服等。

相关知识

一、辨析聚合釜短时停电影响

想一想

结合聚合釜结构和聚合工艺流程，短时停电的主要影响是什么？

如果发生短时停电事故，聚合釜搅拌电机停转，聚合反应温度上升，有可能发生超温超压，进而引起爆炸事故。为了降低温度，需要通过夹套通入冷流体控制反应温度。同时需要保证常规终止剂、紧急终止剂阀门满开状态，随时准备加入聚合釜，终止反应。等供电恢复后恢复聚合釜搅拌电机。

二、识别聚合釜各阀门的类型及作用

做一做

结合工艺流程图，识别现场聚合釜阀门 XV2003、阀门 XV2004、阀门 XV2006、阀门 XV2001，并说明作用。

通过工艺流程图和现场装置，可以看出阀门 XV2003 是聚合釜夹套进口控制阀，阀门 XV2004 是聚合釜夹套出口控制阀，阀门 XV2006 是紧急终止剂控制阀门，阀门 XV2001 是 PVC 聚合釜出料阀门（图 3-18）。

紧急终止剂控制阀门 XV2006 是带限位开关的手动三通球阀，主要是为了显示阀门开关状态而设置，可以确保阀门是 100% 关闭或者打开的，并实现远程监控和确认阀门状态。

阀门 XV2003、阀门 XV2004、阀门 XV2006 都属于截止阀。截止阀作为一种极其重要的截断类阀门，其密封是通过对阀杆施加扭矩，阀杆在轴向方向上向阀瓣施加压力，使阀瓣密封面与阀座密封面紧密贴合，阻止介质沿密封面之间的缝隙泄漏而实现的。

三、聚合工段短时停电事故现象

上位机聚合釜动力电故障报警器报警，现场无声音（图 3-19）。

XV2001   XV2003

XV2004   XV2006

图 3-18　聚合釜阀门

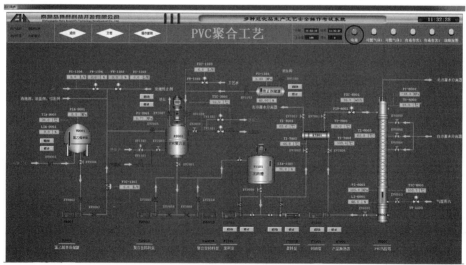

(a) 上位机动力电故障报警器报警

　化工企业事故应急处理

(b) 现场无声音

图 3-19　聚合工段短时停电事故现象

熟悉事故处理方法，按考核内容分组练习。

根据规程进行处置，要坚持先救人后救物、先重点后一般、先控制后消灭的总原则灵活果断处置，防止事故扩大。班长（M）、外操（P）、内操（I）三人一组，进行分组练习。教师结合完成情况进行实时评价打分，结合学生学习成果进行教学反馈，并点评。重点放在知识点掌握、技能熟练度以及职业素养表现等方面。

1. 事故预警

内操首先发现上位机动力电故障报警器报警，向班长汇报。

［I］—报告班长，DCS 动力电故障报警器报警，原因不明。

2. 事故确认

班长通知外操去现场查看。

［M］—收到！请外操进行现场查看。

3. 事故汇报

外操进入装置区首先需要消除静电。外操发现球罐区有烟雾和火光，向班长汇报。汇报要点包括：出事工段（聚合工段），事故设备（氯乙烯球罐聚合釜），事故现象（动力电故障），人员受伤情况（无人员受伤），现场状况是否可控（可控）。

［P］—收到！报告班长聚合工段聚合釜动力电故障，暂无人员伤亡，初步判断可控。

4. 启动预案及事故判断

班长根据外操汇报，通知内操外操启动聚合釜停电应急预案，并向调度室汇报。

［M］—收到！内操外操注意！立即启动聚合釜停电应急预案。

［M］—报告调度室，聚合工段发生动力电故障，已启动聚合釜停电应急预案。

[I]—软件选择事故：聚合釜短时停电事故。

5. 事故处理

内操从 DCS 界面关闭夹套热流体出口阀和进口阀，打开夹套冷流体出口阀和进口阀，调节聚合釜内反应温度，等供电恢复后，启动聚合釜搅拌电机，关闭冷流体，开启热流体，聚合釜温度上升，温度稳定后，关闭热流体，打开冷流体阀门投自动。

外操和班长检查聚合釜夹套进口控制阀 XV2003、聚合釜夹套出口控制阀 XV2004 满开，紧急终止剂控制阀门 XV2006 满开，准备随时加入，PVC 聚合釜出料阀门 XV2001 关闭。

操作步骤如表 3-13 所示。

表 3-13　聚合工段短时停电事故处理流程

序号	操作步骤
1	[I]—关闭热媒进口控制阀 HV1102
2	[I]—将热媒出口控制阀 TIV1102 调至手动并关闭
3	[I]—开启冷媒进口控制阀 HV1101
4	[I]—将冷媒出口控制阀 TIV1101 调至手动,开度调 100%,控制温度
5	[P]—检查 XV2003 满开(翻牌)
6	[P]—检查 XV2004 满开(翻牌)
7	[P]—检查 XV2006 满开(翻牌)
8	[P]—检查 XV2001 关闭(翻牌)
9	[I]—供电恢复后点开聚合釜搅拌电机
10	[I]—将冷媒出口控制阀 TIV1101 关闭
11	[I]—关闭冷媒进口控制阀 HV1101
12	[I]—开启热媒进口控制阀 HV1102
13	[I]—调节热媒出口控制阀 TIV1102 继续升温
14	[I]—压力温度调节控制
15	[I]—升温(TI2001)至 58℃左右后,关闭 HV1102
16	[I]—关闭 TIV1102
17	[I]—开启冷媒进口控制阀 HV1101
18	[I]—将冷媒出口控制阀 TIV1101 开启并投自动

6. 事故处理完成向调度室汇报，并恢复现场

① 班长报告调度室，事故处理完毕，请求恢复现场。

② 对现场进行恢复。

考核评分表见表3-14。

表 3-14 考核评分表

考核内容	考核项目(PVC聚合工艺)	评分标准	评分结果		配分	得分	备注
事故预警	关键词:报警器报警	汇报内容未包含关键词,本项不得分	是□	否□	2		
事故确认	关键词:现场查看	汇报内容未包含关键词,本项不得分	是□	否□	2		
事故汇报	关键词:聚合工段	汇报内容未包含关键词,本项不得分	是□	否□	2		
	关键词:聚合釜	汇报内容未包含关键词,本项不得分	是□	否□	2		
	关键词:动力电故障	汇报内容未包含关键词,本项不得分	是□	否□	2		
	关键词:无人员伤亡	汇报内容未包含关键词,本项不得分	是□	否□	2		
	关键词:可控	汇报内容未包含关键词,本项不得分	是□	否□	1		
启动预案	关键词:停电应急预案	汇报内容未包含关键词,本项不得分	是□	否□	4		
汇报调度室	关键词:报告调度室	汇报内容未包含关键词,本项不得分	是□	否□	1		
	关键词:聚合工段/动力电故障/停电应急预案	汇报内容未包含关键词,本项不得分	是□	否□	1		
关键阀门检查	检查 XV2003	将状态牌旋转至"事故时-事故勿动",未操作本项不得分	是□	否□	4		
	检查 XV2004	将状态牌旋转至"事故时-事故勿动",未操作本项不得分	是□	否□	4		
	检查 XV2006	将状态牌旋转至"事故时-事故勿动",未操作本项不得分	是□	否□	4		
	检查 XV2001	将状态牌旋转至"事故时-事故勿动",未操作本项不得分	是□	否□	4		
汇报调度室处理完成	完成后向裁判汇报	汇报裁判	是□	否□	4		
DCS系统评分	事故选择	评分标准为:未选择,本项不得分	是□	否□	10		
	HV1102	关闭	是□	否□	3		
	TIV1102	手动关闭	是□	否□	3		
	HV1101	开启	是□	否□	3		
	TIV1101	手动满开	是□	否□	3		
	聚合釜搅拌电机	开启	是□	否□	3		
	TIV1101	关闭	是□	否□	3		
	HV1101	关闭	是□	否□	3		
	HV1102	开启	是□	否□	3		

考核内容	考核项目(PVC 聚合工艺)	评分标准	评分结果		配分	得分	备注
DCS 系统 评分	TIV1102	调整	是□	否□	3		
	压力温度调整	(58±1.5)℃	是□	否□	10		
	HV1102	关闭	是□	否□	5		
	TIV1102	关闭	是□	否□	3		
	HV1101	开启	是□	否□	3		
	TIV1101	投自动	是□	否□	3		
合计							

项目二
加氢工艺事故处理

1. 熟悉柴油加氢工艺流程；
2. 会进行柴油加氢工艺交接班工作；
3. 能完成柴油加氢工艺中毒、着火、泄漏、超温超压、停电事故处理；
4. 能树立安全第一的理念，并影响周围人；
5. 培养团结合作的精神。

任务一　贯通柴油加氢工艺流程

随着石油化工产业的发展，我国原油品种不断增加，油田部分油井所产原油中硫、氮、氧非烃化合物含量较高，严重影响成品油的质量，尤其是高硫原油对炼油设备有着严重腐蚀性。为了解决炼油设备腐蚀、油品质量问题，二十世纪七十年代发展催化加氢精制工艺，通过加氢精制装置脱去原料油中硫、氮、氧非烃化合物，解决了设备腐蚀、油品质量的大问题。

另外，延迟焦化工艺生产汽柴油过程中，由于焦化汽柴油含硫含氮量较高，烯烃含量高，油品安定性较差，不能直接作为车用，需进行脱去硫氮化合物、烯烃饱和等深加工来改善油品性质。所以，建延迟焦化装置必建加氢精制装置，否则产品质量得不到解决，严重影响企业效益。因此加氢精制装置是石油化工必建项目，是解决二次油品创优、增加效益的出路。

在石油加工业中，加氢精制应用很广泛，不仅用于轻质油品和润滑油的加氢，还可以用于裂化油、蜡油、燃料油的加氢。加氢精制的主要目的是饱和烯烃，脱去油品中硫、氮、氧及金属杂质，以改善油品的安定性、颜色、气味、燃烧性能等。

一、柴油及其应用

1. 柴油的基本认知

柴油是轻质石油产品、复杂烃类（碳原子数约 10～22）混合物，为柴油机燃料，主要由原油蒸馏、催化裂化、热裂化、加氢裂化、石油焦化等过程生产的柴油馏分调配而成，也可由页岩油加工和煤液化制取得到。柴油分为轻柴油（沸点范围约 180～370℃）和重柴油（沸点范围约 350～410℃）两大类。评价柴油的参数主要有氧化性、硫含量、酸度、残碳、灰分、闪点、密度、凝点、着火性、流动性、水分、机械杂质等。

2. 柴油的主要应用

柴油广泛用于大型车辆、铁路机车、船舰。主要用作柴油机的液体燃料，柴油具有低能耗、低污染的环保特性，所以一些小型汽车甚至高性能汽车也改用柴油。它主要作为拖拉机、大型汽车、内燃机车、挖掘机、装载机、渔船等柴油发电机组和农用机械的动力燃料，与汽油相比，柴油能量密度高，燃油消耗率低。

二、加氢工艺及其应用

加氢处理，也称加氢精制，是石油产品最重要的精制方法之一。指在氢气和催化剂存在下，将油品中的硫、氧、氮等有害杂质转变为相应的硫化氢、水、氨等而除去，并将烯烃和二烯烃加氢饱和、芳烃部分加氢饱和，从而改善油品的贮存安定性、颜色、气味、燃烧性能等指标，提高油品质量。

加氢精制进行的化学反应主要包括烯烃和芳烃加氢饱和，含氧、硫、氮非烃类化合物的加氢分解以及少量芳烃的开环、断链和缩合反应。

加氢精制可用于各种来源的汽油、煤油、柴油的精制，催化重整原料的精制，润滑油、石油蜡的精制，喷气燃料中芳烃的部分加氢饱和，燃料油的加氢脱硫，渣油脱重金属及脱沥青预处理等。

三、柴油加氢工艺流程

① 经过过滤的原料油进入原料油罐 V9002 作为加氢反应的原料油。原料油经反应进料泵 P9002 升压后与新氢压缩机 F1101 送来的氢气及硫化剂混合，送入反应产物/混合进料换热器 E7001 与反应产物换热，完成混氢油预热。

② 预热后的混氢油通过反应进料加热炉 F1001 加热到反应所需温度，进入加氢精制反应器 R3001，混氢油在反应器中催化剂的作用下，进行加氢精制反应。在加氢精制反应器的催化剂床层间设有控制反应温度的急冷氢（急冷氢由循环氢压缩机 F1102 供给）。

③ 反应产物经换热器 E7001 与混合进料换热，冷却后进入高压分离器 F1103 进行气、油、水三相分离。为防止低温下铵盐结晶堵塞高压空冷器，用除盐水注入高压分离器。

④ 从高压分离器 F1103 分离出来的气体（循环氢），在循环氢分液罐 V1101 中分液，

液体进入冷低压分离器 F4001，气体经循环氢压缩机 F1102 升压后，一路作为急冷氢注入催化剂床层；另一路与自新氢压缩机 F1101 来的补充新氢混合，随原料油进入反应产物/混合进料换热器，返回反应系统。

⑤ 高压分离器 F1103 脱除的含硫污水减压后与低压分离器 F4001 脱除的含硫污水汇合出装置至污水汽提装置处理。

⑥ 从高压分离器 F1103 分离出来的油相经减压后进入低压分离器 F4001，继续气、油、水三相分离。

⑦ 从低压分离器 F4001 分离出来的气相经过减压后出装置，分离出来的液相含硫污水与高压分离器含硫污水混合，出装置至污水汽提装置处理。

⑧ 从低压分离器 F4001 分离出来的油相中的冷低分油在精制柴油/低分油换热器和精制柴油产品换热后进入脱硫化氢汽提塔 T6001。冷低分油进入汽提塔第 26 层塔板，在塔中脱除轻烃和硫化氢。

⑨ 塔顶气相经塔顶水冷器 E7001 冷却后进入汽提塔塔顶回流罐 V1102，回流罐顶干气出装置，液体经汽提塔塔顶回流泵 P1102 送回汽提塔作为塔顶回流。

⑩ 汽提塔底油相经泵 P1101 送去精馏工段。

工艺流程如图 3-20 所示。

四、柴油加氢工艺安全分析

1. 物料危害因素分析

柴油加氢工艺在生产过程中涉及的主要物料柴油、氢气及使用的燃料气均为可燃、易燃、易爆的液体和气体，生产过程还可产生一定量的硫化氢，属于有毒危险物质。装置存在的主要危害因素为火灾爆炸、中毒，此外还存在高温灼烫、触电、噪声、机械伤害、高处坠落及物体打击等危险有害因素。

2. 工艺安全分析

柴油加氢反应是放热反应，高温、高压操作，涉及的介质主要是约在 400℃反应的柴油、压力约 8.0MPa 的氢气，还有汽油等轻烃物质。加氢装置主要工艺危险特点如下：

① 加氢反应器入口温度通过调节加热炉燃料气压力和流量来控制，加氢反应为放热反应，若反应器温度失控，急冷氢流量不稳或氢气输送管道不合理、管线不通畅及处理不当将发生反应器超温超压，引起火灾、爆炸。

② 加氢反应系统压力由新氢加入量控制，若新氢或循环氢压缩机故障停车，加氢反应器应及时切断热源或原料油供料，若处理不当，反应系统将发生高温结焦或反应器超温而引起火灾、爆炸。

③ 高压分离器操作压力约 8MPa，低压分离器操作压力约 3MPa，生产过程中若高压分离器液面控制过低，易发生高压气串入低压分离器，而导致设备破坏或引起重大事故。

④ 原料油流量低或中断，易导致反应器超温、超压而引发事故。

⑤ 压缩机设备润滑油温度高、压力低、轴位移、轴震动等，若处理不及时或处理不当，将损坏设备，影响装置正常生产。

⑥ 当装置出现泄漏或突发性故障时，应紧急泄放反应系统压力，否则会扩大事故。

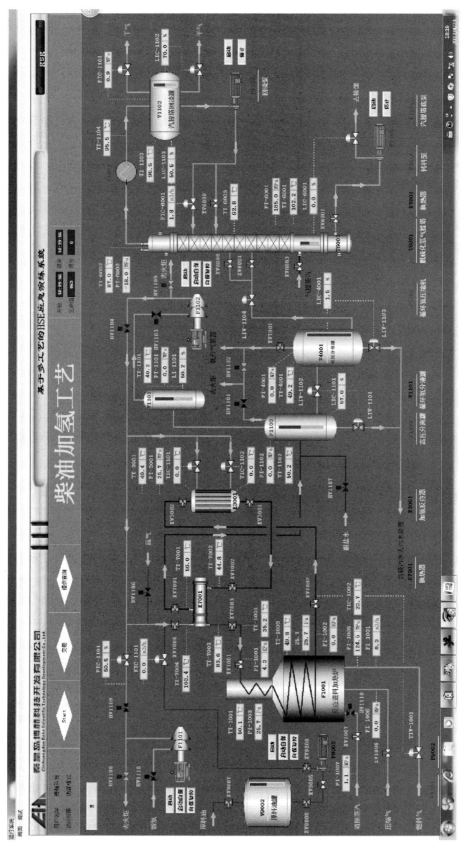

图 3-20　柴油加氢工艺流程图

3. 安全防护措施

（1）消防设施

加氢装置内设有环行消防道路，以利于发生事故时消防车进出。装置内设置有消防水炮和一定数目的干粉式灭火器。

（2）防火、防爆

加氢装置内的介质多为易燃、易爆介质，加氢装置内的电器、仪表设备均选用防爆型设备，管道、设备上安装防静电接地设施。

（3）可燃气体报警器

在可能发生可燃性气体泄漏的位置，安装可燃气体报警器。

（4）安全防护用品

由于加氢装置内有 H_2S 等有毒气体，所以车间配备有防毒面具、正压式空气呼吸器等安全防护用品。

（5）工艺安全措施

工艺设计时对原料罐采用氮气措施，并设置压力控制系统及安全排放设施（安全阀）以防止原料油倒流影响系统安全生产。为防止高压分离器、低压分离器之间发生高压串低压的事故，应在高压分离器安装可靠的液位检测系统、超低液位报警和联锁装置。为防止装置在停水、停电、停汽故障或操作出现异常时发生物料倒流，应在设备、管道设置自动切断阀、止回阀等安全设施。

活动 1：查阅资料，完成柴油加氢工艺反应原料和产品性质表 3-15。

表 3-15　柴油加氢工艺反应原料和产品性质表

原料和产品	物理性质	化学性质	危险性	防护措施

活动 2：根据工艺流程查找主要工艺设备，分小组对照装置描述工艺流程（表述清楚设备名称、位置及设备仪表、阀门等）。

任务二　柴油加氢工艺交接班操作

交接班是指交班人员与接班人员，在特定时间段，将工作进行移交、关键信息进行传递的过程。交接班程序标准化、规范化促进了各班职责的完成，避免工作中的遗漏，有效衔接上、下班生产运作，保证了工作的连续性、安全性和有效性。

一、重大危险源认知

1. 危险源

从安全生产角度解释，危险源是指可能造成人员伤害或疾病、财产损失、作业环境破坏或其他损失的根源或状态。

2. 重大危险源

广义上说，可能导致重大事故发生的危险源就是重大危险源。根据《危险化学品重大危险源辨识》（GB 18218—2018），危险化学品重大危险源是指长期地或临时地生产、加工、使用或储存危险化学品，且危险化学品的数量等于或超过临界量的单元。其中临界量是指对于某种或某类危险化学品规定的数量，若单元中的危险化学品数量等于或超过该数量，则该单元定为重大危险源。单元即一个（套）生产装置、设施或场所，或同属一个工厂的且边缘距离小于500m的几个（套）生产装置、设施或场所。

3. 危险化学品重大危险源判断

① 单元内存在的危险物质为单一品种，则该物质的数量即为单元内危险物质的总量，若等于或超过相应的临界量，则定为重大危险源。

② 单元内存在的危险物质为多品种时，则按下式计算，若满足下面公式，则定为重大危险源：

$$\frac{q_1}{Q_1}+\frac{q_2}{Q_2}+\cdots+\frac{q_n}{Q_n}\geqslant1$$

式中　q_1，q_2，$\cdots$，q_n——每种危险物质实际存在量，t；

　　　Q_1，Q_2，$\cdots$，Q_n——与各危险物质相对应的生产场所或贮存区的临界量，t。

二、柴油加氢工艺重大危险源管理

此工艺主要涉及的危险化学品是柴油、氢气及硫化氢。通过查看这三种危险化学品的安全周知卡（图3-21）可知，柴油和氢气的主要危险特性是易燃、易爆，而硫化氢的主要危险特性是有毒、易燃。因此现场操作过程中需要当心火灾、当心爆炸、当心中毒，同时柴油加氢反应属于放热反应，还要当心烫伤。为了保证作业安全，避免发生火灾爆炸，要严格控制点火源，禁止吸烟、禁止烟火，禁止穿化纤衣服以免产生静电发生火灾爆炸（图3-22）。

三、柴油加氢工艺重要的阀门及仪表认知

本次工艺涉及的主要设备是反应进料加热炉F1001、加氢反应器R3001。巡检时需要注意加氢反应器出口阀XV3001、入口阀XV3002，反应器的安全附件主要包括压力表PI3001、温度传感器TI3001，需要严格控制反应的温度和压力，保证产品质量。原料需要经过加热炉F1001加热到所需要的温度再进入反应器，因此需要注意加热炉F1001物料进料控制阀XV1001、物料出料控制阀XV1002、瓦斯进气调节阀TIV1001。

危险化学品安全周知卡

危险性提示词	品名、英文名及CAS号	危险性标志
易燃! 有毒! 刺激!	柴油 Diesel oil UN编号：1202	 易燃液体 3

危险性理化数据	危险特性
闪点(℃)：60～90 熔点(℃)：-18 相对密度(水=1)：0.87～0.9 相对密度(空气=1)：3.38 爆炸极限(%)：0.5～5	遇明火、高热或与氧化剂接触，有引起燃烧爆炸的危险。若遇高热，容器内压增大，有开裂和爆炸的危险。

接触后表现	现场急救措施
皮肤接触可为主要吸收途径，可致急性肾脏损害。柴油可引起接触性皮炎、油性痤疮。吸入其雾滴或液体呛入可引起吸入性肺炎。能经胎盘进入胎儿血中。柴油废气可引起眼、鼻刺激症状，头晕及头痛。	皮肤接触：脱去污染的衣着，用肥皂水和清水彻底冲洗皮肤。 眼睛接触：提起眼睑，用流动清水或生理盐水冲洗。就医。 吸入：迅速脱离现场至空气新鲜处。保持呼吸道通畅。如呼吸困难，给输氧。如呼吸停止，立即进行人工呼吸。就医。

个体防护措施

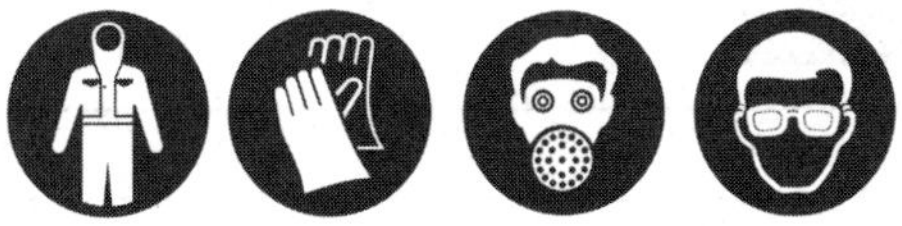

泄漏应急处理

迅速撤离泄漏污染区人员至安全区，并进行隔离，严格限制出入。切断火源。建议应急处理人员戴自给正压式呼吸器，穿一般作业工作服。尽可能切断泄漏源。防止流入下水道、排洪沟等限制性空间。小量泄漏：用活性炭或其它惰性材料吸收。大量泄漏：构筑围堤或挖坑收容。用泵转移至槽车或专用收集器内，回收或运至废物处理场所处置。

最高允许浓度	应急救援单位名称	应急救援单位电话
MAC(mg/m³)：无标准	市消防中心 市人民医院	市消防中心：119 市人民医院：120

(a) 柴油安全周知卡

图 3-21

危险化学品安全周知卡

危险性类别	品名、英文名称及分子式、CAS号	危险性标志
易燃，易爆	氢气 Hydrogen H_2 CAS No.：1333-74-0	易燃气体 2

危险性理化数据	危险特性
熔点(℃)：-259.2 沸点(℃)：-252.8 相对密度：0.07 临界温度(℃)：-240 临界压力(MPa)：1.3 溶解性：不溶于水、不溶于乙醇	氢气极易燃烧，燃烧时，其火焰无颜色，肉眼无法看见。氢气能与空气，氧气及有氧化性的蒸气形成燃烧爆炸性混合物，遇明火高热能引起燃烧爆炸，与氧化剂能发生化学反应。氢气比空气轻，易扩散，氢气在设备及管路中流动容易产生和积累静电。

接触后表现	现场急救措施
本品在生理学上是惰性气体，仅在高浓度时，由于空气中氧分压降低才引起窒息。在很高的分压下，氢气可呈现出麻醉作用。与空气混合形成爆炸性混合物遇热或明火即会发生爆炸。	皮肤接触：如果发生冻伤，将患者部浸泡于保持在38℃～42℃的温水中复温，不要涂擦，不要使用热水或辐射热，使用清洁、干燥的敷料包扎。就医。 眼睛接触：一般不会通过该途径接触。 吸入：迅速脱离现场至空气新鲜处。保持呼吸道通畅。如呼吸困难，给输氧。如呼吸停止立即进行人工呼吸。就医。 食入：不会通过该途径接触。

个体防护措施

●必须戴防护眼镜　　●必须穿防护服　　注意通风

泄漏处理及防火防爆措施

泄漏处理：迅速撤离泄漏污染区人员至上风口，并隔离直至气体散尽，切断火源。建议应急处理人员戴自给式呼吸器，穿一般消防防护服。切断气源，抽排(室内)或强力通风(室外)，如有可能，将漏出气用排风机送至空旷处或装设适当喷头烧掉。漏气容器不能再用，且要经过技术处理以清除可能剩下的气体。

灭火方法：当氢气泄漏已发生火灾时，在切断气源，做好堵漏准备以及将火焰控制在较小范围的情况下，可用干粉灭火器将火扑灭，然后迅速将漏点堵住，同时继续加强设备冷却，直到设备温度冷至常温。

灭火剂：抗溶性泡沫、干粉、二氧化碳、砂土。当未切断气源，漏点没有把握堵住前，消防人员要加强冷却正在燃烧的和与其相邻的贮罐及有关管道，将火控制在一定范围内，让其稳定燃烧。对相邻贮罐宜重点冷却受火焰辐射的一面，同时，应将着火罐放空，以减少罐内压力，防止发生爆炸。

最高容许浓度	应急救援单位名称	应急救援单位电话
MAC(mg/m³)：未制定	市消防中心 市人民医院	市消防中心：119 市人民医院：120

(b) 氢气安全周知卡

危险化学品安全周知卡

危险性提示词	品名、英文名及分子式及CAS号	危险性标志
易燃! 有毒! 刺激!	硫化氢 hydrogen sulfide H_2S CAS：7783-06-4	易燃 有毒品 6 刺激品

危险性理化数据	危险特性
外观与性状：无色、有恶臭的气体 熔点(℃)：−85.5 沸点(℃)：−60.4 相对蒸气密度(空气=1)：1.19 燃点(℃)：260 爆炸极限：4%～46%	易燃，与空气混合能形成爆炸性混合物，遇明火、高热能引起燃烧爆炸。与浓硝酸、发烟硝酸或其它强氧化剂剧烈反应，发生爆炸。气体比空气重，能在较低处扩散到相当远的地方，遇火源会着火回燃。 本品是强烈的神经毒物，对黏膜有强烈刺激作用。 禁配物：强氧化剂、碱类。

接触后表现	现场急救措施
急性中毒：短期内吸入高浓度硫化氢后出现流泪、眼痛、眼内异物感、畏光、视物模糊、流涕、咽喉部灼热感、咳嗽、胸闷、头痛、头晕、乏力、意识模糊等。部分患者可有心肌损害。重者可出现脑水肿、肺水肿。极高浓度(1000mg/m³以上)时可在数秒钟内突然昏迷，呼吸和心跳骤停，发生闪电型死亡。高浓度接触发生眼结膜水肿和角膜溃疡。长期低浓度接触，引起神经衰弱综合征和植物神经功能紊乱。	皮肤接触：脱去污染的衣着，用流动清水冲洗至少15分钟。 眼睛接触：提起眼睑，用流动清水或生理盐水冲洗至少15分钟，严重者立即就医。 吸入：迅速脱离现场至空气新鲜处。呼吸心跳停止时，立即进行人工呼吸和胸外心脏按压术，就医。

个体防护措施

泄漏应急处理

迅速撤离泄漏污染区人员至安全区，并进行隔离，严格限制出入。切断火源。建议应急处理人员戴自给正压式呼吸器，穿防静电工作服。尽可能切断泄漏源，防止流入下水道、排洪沟等限制性空间。小量泄漏：用砂土或其它不燃材料吸附或吸收，也可以用大量水冲洗，洗水稀释后放入废水系统。大量泄漏：构筑围堤或挖坑收容。用泡沫覆盖，降低蒸气灾害，用防爆泵转移至槽车或专用收集器内，回收或运至废物处理场所处置。

最高允许浓度	应急救援单位名称	应急救援单位电话
MAC(mg/m³)：10	市消防中心 市人民医院	市消防中心：119 市人民医院：120

(c) 硫化氢安全周知卡

图 3-21　柴油加氢工艺化学品安全周知卡

图 3-22 柴油加氢工艺重大危险源安全警示牌

活动 1：熟悉柴油加氢生产流程和操作规程、岗位职责，分析交接班内容与要求，初步制定交接班记录表。

① 柴油加氢生产流程综述；

② 熟悉并正确描述技能操作岗位职责。

学生现场分组：学生分为三人一组并分配角色，其中内操、班长、外操各一名。要求能够描述各自的岗位职责和主要工作内容。

活动 2：根据柴油加氢工艺交接班考核内容，分小组完成交接班操作。

具体操作步骤如表 3-16 所示。

表 3-16　柴油加氢交接班

描述：在化工企业班组间的交接工作是日常工作中重要的一个环节，本考核环节要求三名选手各自完成相应的工作，其中班长完成重大危险源相关考核内容，外操完成现场装置巡查相关考核内容，内操完成不正常工艺参数的调整

工作内容	考核项	项目	分工	项目内容	考核内容
接班工作内容考核	重大危险源管理	危险化学品安全周知卡	班长（M）	柴油安全周知卡	
				氢气安全周知卡	
				硫化氢安全周知卡	
		重大危险源安全警示牌		禁止标志	禁止烟火
					禁止吸烟
					禁止穿化纤衣服
				警示标志	当心烫伤
					当心中毒
					当心爆炸
					当心火灾

工作内容	考核项	项目	分工	项目内容	考核内容
接班工作内容考核	现场巡查	装置现场工艺巡查	外操(P)	现场关键阀门巡检	反应器入口阀 XV3002
					反应器出口阀 XV3001
					物料进料控制阀 XV1001
					物料出料控制阀 XV1002
					瓦斯进气调节阀 TIV1001
				现场关键仪表及安全设施巡检	反应器压力 PI3001
					反应器温度 TI3001
					可燃气体报警器 1#
					可燃气体报警器 2#
					有毒气体报警器 1#
					有毒气体报警器 2#
	工艺控制	生产工艺控制调节	内操(I)	工艺调节(反应器床层温度上升,原因为瓦斯上升,可通过手动调节将瓦斯量降下来,通过调节加热炉出口物料的温度降低反应床层温度。调节方法:调节瓦斯进气控制阀流量)	将 TIV1001 调成手动
					调节流量值(后台设定规则)
					调稳后投自动

任务评价

柴油加氢工艺交接班考核评分表见表 3-17。

表 3-17　柴油加氢工艺交接班考核评分表

考核点	考核项目	评分标准	评分结果		配分	得分	合计
柴油安全周知卡	正确选择安全周知卡	选择错误本项不得分	是□	否□	6		
氢气安全周知卡	正确选择安全周知卡	选择错误本项不得分	是□	否□	6		
硫化氢安全周知卡	正确选择安全周知卡	选择错误本项不得分	是□	否□	6		

考核点	考核项目	评分标准	评分结果		配分	得分	合计
重大危险源安全警示牌	禁止烟火	未完成本项不得分	是□	否□	4		
	禁止吸烟	未完成本项不得分	是□	否□	4		
	禁止穿化纤衣服	未完成本项不得分	是□	否□	4		
	当心烫伤	未完成本项不得分	是□	否□	4		
	当心中毒	未完成本项不得分	是□	否□	4		
	当心爆炸	未完成本项不得分	是□	否□	4		
	当心火灾	未完成本项不得分	是□	否□	4		
工艺巡查（现场"常时"巡检牌）	XV3002	调整到"阀门检查"状态,未完成本项不得分	是□	否□	4		
	XV3001	调整到"阀门检查"状态,未完成本项不得分	是□	否□	4		
	TIV1001	调整到"阀门检查"状态,未完成本项不得分	是□	否□	4		
	XV1001	调整到"阀门检查"状态,未完成本项不得分	是□	否□	4		
	XV1002	调整到"阀门检查"状态,未完成本项不得分	是□	否□	4		
	PI3001	调整到"仪表检查"状态,未完成本项不得分	是□	否□	4		
	TI3001	调整到"仪表检查"状态,未完成本项不得分	是□	否□	4		
	可燃气体报警器1#	调整到"仪表检查"状态,未完成本项不得分	是□	否□	4		
	可燃气体报警器2#	调整到"仪表检查"状态,未完成本项不得分	是□	否□	4		
	有毒气体报警器1#	调整到"仪表检查"状态,未完成本项不得分	是□	否□	4		
	有毒气体报警器2#	调整到"仪表检查"状态,未完成本项不得分	是□	否□	4		
DCS系统评分	TIV1001	手动,未完成本项不得分	是□	否□	2		
	稳定流量调节温度	(388 ± 1)℃,未完成本项不得分	是□	否□	6		
	TIV1001	自动,未完成本项不得分	是□	否□	2		
合计							

任务三　进料换热器法兰泄漏中毒事故处置

案例导引

2017年8月6日9时30分左右，东营某化工公司发生硫化氢气体泄漏中毒事故，造成2人死亡，1人重伤。

2017年8月5日，该公司20万吨/年润滑油精制装置加氢进料换热器法兰密封失效，造成氢气泄漏着火。火情消除后，对润滑油精制装置采取了停车措施。次日21时17分左右主控室酸性水汽提装置的脱气罐压力指示异常升高、有毒气体报警器泄漏报警，值班操作人员立即通知装置巡检人员到泄漏现场查看，该巡检人员在未采取任何防护措施的情况下进入装置泄漏现场，随后失去联系，此后又有2名巡检人员在未采取任何防护措施的情况下进入装置寻找失联人员。事故共造成3人中毒，其中2人经抢救无效死亡，1人重伤。

经初步分析，酸性水汽提装置的脱气罐压力出现异常升高，致使水封罐气相超压将水封击穿，造成硫化氢气体泄漏；巡查人员未落实个体防护措施，盲目进入了硫化氢泄漏现场，导致中毒事故的发生。

个人防护用品包括安全帽、化学防护服、正压式空气呼吸器，应急物品包括医用担架。

一、柴油加氢工艺危险化学品认知

想一想

柴油加氢进料换热器法兰泄漏中毒事故中，造成工业中毒的罪魁祸首是什么？应该采取哪些防毒措施？

造成此次中毒事故的工业毒物是硫化氢。

1. 硫化氢来源

加氢精制是指在催化剂和 H_2 存在下，石油馏分中含硫、含氮、含氧化合物发生加氢脱硫、脱氮、脱氧反应，含金属的有机化合物发生氢解反应，烯烃和芳烃发生加氢反应。在这一工艺过程中，硫元素与氢气反应生成硫化氢。

2. 主要危险特性

硫化氢气体兼具刺激作用和窒息作用：浓度低时主要是刺激作用，浓度高时主要是窒息作用。在工业生产中，硫化氢主要从呼吸道进入人体，它是一种细胞窒息性气体，其毒害作用是妨碍细胞利用氧的能力，从而造成组织细胞缺氧而产生所谓"内窒息"。

3. 防毒措施

① 密闭、抽风：有硫化氢气体存在的场所，必须安装抽风排气设备；生产硫化氢的设备应该完全密闭。

② 防护：进入可能有硫化氢气体的工作场所，如矿、坑、窑井、油舱等，首先做气体采样分析，如硫化氢气体超标，必须通过抽风或送风直到气体分析合格后，才能进入空间内工作。

③ 净化：生产排放含硫化氢废气或废液前，必须经过净化。

④ 做好个人防护工作，正确使用正压式空气呼吸器和化学防护服。

二、进料换热器法兰泄漏中毒事故现象

上位机有毒气体报警器报警；换热器泄漏，有烟雾；现场报警灯报警（图 3-23）。

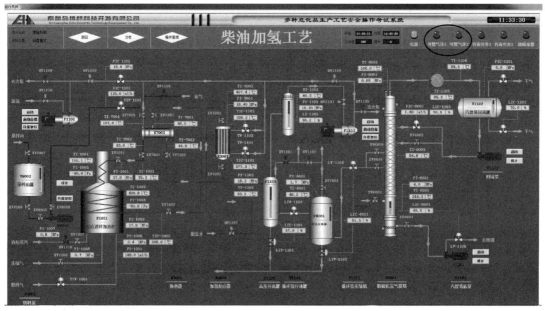

(a) 上位机有毒气体报警器报警

(b) 换热器泄漏，有烟雾

(c) 现场报警灯报警

图 3-23　进料换热器法兰泄漏中毒事故现象

熟悉进料换热器法兰泄漏中毒事故处理方法。

根据规程进行处置，要坚持先救人后救物、先重点后一般、先控制后消灭的总原则灵活果断处置，防止事故扩大。班长（M）、外操（P）、内操（I）三人一组，进行分组练习。教师结合完成情况进行实时评价打分，结合学生学习成果进行教学反馈，并点评。重点放在知识点掌握、技能熟练度以及职业素养表现等方面。

1. 事故预警

内操首先发现上位机有毒气体报警器报警，向班长汇报。

[I]—报告班长，上位机有毒气体报警器报警。

2. 事故确认

班长通知外操去现场查看。

[M]—收到！请外操去现场查看。

3. 事故汇报

外操进入装置区首先需要消除静电。外操发现换热器有烟雾，发生泄漏，向班长汇报。汇报要点包括：汇报出事工段（反应工段），事故设备（进料换热器），泄漏的位置（法兰），人员受伤情况（有人员中毒），现场状况是否可控（可控）。

[P]—收到！报告班长反应工段进料换热器上法兰泄漏有人员中毒，初步判断可控。

4. 启动预案及事故判断

班长根据外操汇报，通知内操外操启动进料换热器泄漏应急预案，并向调度室汇报。

[M]—收到！内操外操注意！立即启动进料换热器泄漏应急预案，立即启动硫化氢中毒应急预案。

[M]—报告调度室，反应工段进料换热器发生泄漏事故，有人员中毒，已启动进料换热器泄漏应急预案和硫化氢中毒应急预案。

[I]—软件选择事故：进料换热器泄漏中毒事故。

5. 事故处理

注：[I]——内操，[M]——班长，[P]——外操。操作步骤如表3-18所示。

表3-18 事故处理步骤

序号	操作步骤
1	[M/P]—班长和外操根据情况选择正确的防护用品及安全措施
2	[M/P]—正确使用担架
3	[M/P]—将中毒人员移至通风点（根据风向标进行评判）
4	[P]—现场拉警戒线
5	[I]—启动循环氢压缩机紧急停车自保系统
6	[I]—关闭循环氢压缩机出口阀 HV1104
7	[I]—关闭循环氢压缩机入口阀 HV1103
8	[I]—高压分离器泄压，开启 HV1101
9	[I]—将瓦斯进气控制阀 TIV1001 调至手动并关闭
10	[I]—开蒸汽切断阀 HV1118
11	[P]—关燃料气控制前手阀 XV1003
12	[P]—关进料泵出口控制阀 XV9006
13	[P]—停转料泵 P9002
14	[P]—关进料泵入口控制阀 XV9005
15	[I]—关闭原料油进料调节阀 FIV1101

序号	操作步骤
16	[I]—关闭脱盐水进料控制阀 HV1107
17	[I]—将汽提塔进料控制阀 LV1104 调成手动并关闭
18	[P]—关闭汽提塔蒸汽进气阀 XV6003
19	[I]—启动新氢压缩机紧急停车自保系统
20	[I]—关闭新氢出口阀 HV1109
21	[I]—关闭新氢入口阀 HV1110
22	[I]—当压力(PI3001)达到 2.5MPa 以下时,开启氮气隔离控制阀 HV1106
23	[M]—进行心肺复苏考核

6. 事故处理完成向调度室汇报，并恢复现场

① 班长报告调度室，事故处理完毕，请求恢复现场。

② 对现场进行恢复。

考核评分表见表 3-19

表 3-19　中毒事故考核评分表

考核内容	考核项目 （柴油加氢工艺）	评分标准	评分结果		配分	得分	备注
事故预警	关键词:报警器报警	汇报内容未包含关键词,本项不得分	是□	否□	2		
事故确认	关键词:现场查看	汇报内容未包含关键词,本项不得分	是□	否□	2		
事故汇报	关键词:反应工段	汇报内容未包含关键词,本项不得分	是□	否□	2		
	关键词:进料换热器	汇报内容未包含关键词,本项不得分	是□	否□	2		
	关键词:法兰	汇报内容未包含关键词,本项不得分	是□	否□	2		
	关键词:中毒	汇报内容未包含关键词,本项不得分	是□	否□	2		
	关键词:可控	汇报内容未包含关键词,本项不得分	是□	否□	2		
启动预案	关键词:泄漏应急预案	汇报内容未包含关键词,本项不得分	是□	否□	3		
	关键词:中毒应急预案	汇报内容未包含关键词,本项不得分	是□	否□	3		
汇报调度室	关键词:报告调度室	汇报内容未包含关键词,本项不得分	是□	否□	2		
	关键词:反应工段/进料换热器/泄漏应急预案/中毒应急预案	汇报内容未包含关键词,本项不得分	是□	否□	1		

考核内容	考核项目 （柴油加氢工艺）	评分标准	评分结果		配分	得分	备注
防护用品的选择及使用	班长/外操化学防护服穿戴正确	胸襟粘合良好，无明显异常	是□	否□	3		
		腰带系好，无明显异常	是□	否□	3		
		颈带系好，无明显异常	是□	否□	3		
	班长/外操呼吸器穿戴正确	面罩紧固良好，无明显异常	是□	否□	3		
		气阀与面罩连接稳固，未脱落	是□	否□	3		
安全措施	现场警戒1#位置	未展开警戒线，本项不得分	是□	否□	3		
	现场警戒2#位置	未展开警戒线，本项不得分	是□	否□	3		
担架的正确使用	伤员肢体在担架内（头部）	头部超出担架，本项不得分	是□	否□	1		
	胸部绑带固定	胸部插口未连接，本项不得分	是□	否□	1		
	腿部绑带固定	腿部插口未连接，本项不得分	是□	否□	1		
	抬起伤员时，先抬头后抬脚	抬起方式不正确，本项不得分	是□	否□	1		
	放下伤员时，先放脚后放头	放下方式不正确，本项不得分	是□	否□	1		
	搬运时伤员脚在前，头在后	搬运方式不正确，本项不得分	是□	否□	1		
中毒人员的转移正确	中毒人员转移至正确的位置（方向象限）	放置于正确象限，未完成不得分	是□	否□	3		
汇报调度室处理完成	完成后向教师汇报	未汇报教师，本项不得分	是□	否□	1		
DCS系统评分	事故选择	评分标准为：未选择，本项不得分	是□	否□	10		
	循环氢压缩机	自保	是□	否□	1		
	HV1104	关闭	是□	否□	2		
	HV1103	关闭	是□	否□	2		
	HV1101	开启	是□	否□	4		
	TIV1001	手动关闭	是□	否□	2		
	HV1118	开启	是□	否□	2		
	XV1003	关闭	是□	否□	2		
	XV9006	关闭	是□	否□	2		
	P9002	关闭	是□	否□	2		
	XV9005	关闭	是□	否□	2		
	FIV1101	手动关闭	是□	否□	2		
	HV1107	关闭	是□	否□	2		
	LV1104	手动关闭	是□	否□	2		
	XV6003	关闭	是□	否□	2		
	新氢压缩机	自保	是□	否□	1		
	HV1109	关闭	是□	否□	2		
	HV1110	关闭	是□	否□	2		
	HV1106	开启	是□	否□	2		
合计							

任务四　加氢反应器法兰泄漏着火事故处置

案例导引

2020年1月14日，下午1时40分许，珠海某炼化公司重整与加氢装置预加氢单元发生闪爆，暂未发现人员伤亡，该公司及周边人员已安全撤离。

随后，明火被扑灭，环境在线监测站点各项指标未出现异常。

官网资料显示，该炼化公司主要生产装置有120万吨/年预处理装置、100万吨/年催化重整装置、40万吨/年芳烃抽提精馏装置、80万吨/年后分馏以及20万吨/年苯和甲苯加氢装置等。

此前，该炼化公司的安全生产隐患已出现。

据《中国应急管理报》消息，2019年7月24日，全国化工行业执法检查广东工作组到该炼化公司检查，发现该公司存在安全管理规定有笔误、不进行消防演练、消防泡沫炮流出恶臭液体等15项安全隐患。

检查组发现，该公司罐区和装卸区域均未配备空气呼吸器，中央控制室配置仅有的两台空气呼吸器均不能正常使用，一台瓶身漏气。

检查组还发现，该炼化公司存在的问题还包括苯储罐823/1罐顶呼吸阀未定期进行检查、有毒气体检测报警器安装高度不足0.3米、工艺连锁管理不到位、当年7月的演练计划与实际演练内容不符合、消防水泵备用泵为电动泵而非柴油机泵等。检查组当时要求，该炼化公司立即整改。

个人防护用品包括安全帽、隔热服、过滤式防毒面具，选择黄色滤毒罐。

一、灭火措施认知

想一想

柴油火灾属于哪种火灾类型，适合用什么样的灭火剂灭火？

1. 火灾类型

按照《火灾分类》（GB/T 4968－2008）可以将火灾类型分为六类。

A 类火灾：指固体物质火灾，如木材、棉、毛、麻、纸张等燃烧的火灾；

B 类火灾：指液体火灾和可熔化固体火灾，如汽油、煤油、原油、甲醇、乙醇火灾等；

C 类火灾：指气体火灾，如煤气、天然气、甲烷、丙烷、乙炔、氢气等燃烧的火灾；

D 类火灾：指金属火灾，如钾、钠、镁、钛、锆、锂、铝镁合金等燃烧的火灾；

E 类火灾：指带电物体燃烧的火灾；

F 类火灾：烹饪器具内的烹饪物（如动植物油脂）火灾。

2. 常用的灭火剂

常用的灭火剂有水、水蒸气、泡沫液、二氧化碳、干粉、卤代烷等。

以干粉灭火剂说明其灭火原理。某种干粉灭火剂的主要成分是碳酸氢钠和少量的防潮剂硬脂酸镁及滑石粉等。用干燥的二氧化碳或氮气作动力，将干粉从容器中喷出，形成粉雾喷射到燃烧区，干粉中的碳酸氢钠受高温作用发生分解，该反应是吸热反应，反应放出大量的二氧化碳和水，水受热变成水蒸气并吸收大量的热能，起到一定的冷却和稀释可燃气体的作用。同时干粉使燃烧反应中的自由基减少，导致燃烧反应中断。

柴油加氢工艺加氢反应器泄漏的危险物料为柴油，火灾类型属于 B 类液体火灾，可以使用干粉灭火剂或者泡沫灭火剂，不能使用水型灭火剂。

📖 想一想

现场配备干粉灭火器，那么灭火器如何使用，使用的注意事项有哪些？

3. 灭火器使用步骤

① 看：看干粉有没有过期，看压力表指针是否在绿色区域。

② 提：提起灭火器。

③ 拔：拔下安全销。

④ 瞄：瞄准火苗根部。

⑤ 压：压下手柄，一压到底，对准着火物质，直至火焰完全扑灭。

灭火器使用方法如图 3-24 所示。

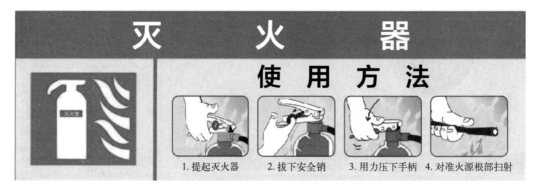

图 3-24　灭火器使用方法

二、柴油加氢反应器认知

柴油加氢工艺采用的反应器为列管式固定床反应器（图 3-25）。通常在管内充填催化剂，反应物自上而下通过催化剂床层进行反应，管间通载热体。对于柴油加氢工艺，原料为原料油与氢气的混合物，载热体为急冷氢（循环氢供给）。混氢油在反应器中催化剂的作用下，进行加氢精制反应，这个反应是急剧的放热反应，如热量不及时移走，将使催化剂温度升高。而催化剂床层温度的升高，又加速了反应的进行，如此循环，会使反应器的温度在短时间急剧升高，使反应失控，造成严重的操作事故。正常的操作中，用调节急冷氢量来降低床层温度。

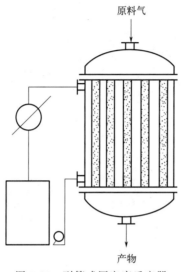

图 3-25　列管式固定床反应器

三、加氢反应器泄漏着火事故个人防护选择

想一想

通过查阅资料，柴油加氢工艺着火事故中涉及的危险化学品有哪些，具有的危险特性有哪些，应该采取哪些应急措施？

柴油加氢工艺反应器着火事故中，涉及的危险化学品主要有柴油、氢气和硫化氢。通过查看这三种危险化学品的安全周知卡，柴油和氢气的主要危险特性是易燃、易爆，而硫化氢具有易燃、有毒、刺激三种危险特性。在事故处理过程中为了防止中毒，需要佩戴过滤式防毒面具，选择 7 号黄色滤毒罐，此滤毒罐主要针对酸性气体和蒸气，如二氧化硫、硫化氢、氮的氧化物、光气、磷和含氯有机农药，可以实现综合防中毒。同时为了预防烧伤，需要穿戴隔热服。

四、加氢反应器泄漏着火事故现象

上位机可燃气体报警器报警；加氢反应器着火，有烟雾；现场报警灯报警（图 3-26）。

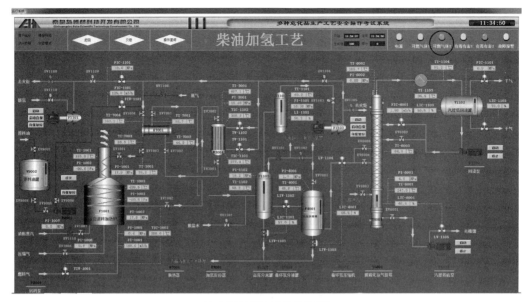

(a) 上位机可燃气体报警器报警

(b) 加氢反应器着火、有烟雾

(c) 现场报警灯报警

图 3-26　加氢反应器泄漏着火事故现象

任务
实施

熟悉加氢反应器法兰泄漏着火事故处理方法。

1. 事故预警

内操首先发现上位机可燃气体报警器报警,向班长汇报。

[I]—报告班长,DCS可燃气体报警器报警,原因不明。

2. 事故确认

班长通知外操去现场查看。

[M]—收到!请外操进行现场查看。

3. 事故汇报

外操进入装置区首先需要消除静电。外操发现加氢反应器有烟雾和火光,向班长汇报。汇报要点包括:出事工段(反应工段),事故设备(加氢反应器),着火的位置(法兰),人员受伤情况(无人员受伤),现场状况是否可控(可控)。

[P]—收到!报告班长反应工段加氢反应器上法兰泄漏着火,暂无人员伤亡,初步判断可控。

4. 启动预案及事故判断

班长根据外操汇报,通知内操外操启动加氢反应器泄漏着火应急预案,并向调度室汇报。

[M]—收到!内操外操注意!立即启动加氢反应器泄漏着火应急预案。

[M]—报告调度室,反应工段加氢反应器发生泄漏着火事故,已启动加氢反应器泄漏着火应急预案

[I]—软件事故选择:加氢反应器泄漏着火事故。

5. 事故处理

注:[I]——内操;[M]——班长;[P]——外操。步骤如表3-20所示。

表3-20　加氢反应器泄漏着火事故处理流程

序号	操作步骤
1	[M/P]—穿戴过滤式防毒面具、化学防护手套,进行静电消除
2	[P]—现场拉警戒线
3	[I]—启动循环氢压缩机紧急停车自保系统
4	[I]—关闭循环氢压缩机出口阀HV1104
5	[I]—关闭循环氢压缩机入口阀HV1103
6	[I]—高压分离器泄压,开启HV1101(泄压速率维持在0.7MPa/min以下)
7	[I]—将瓦斯进气调节阀TIV1001调至手动并关闭
8	[I]—开蒸汽切断阀HV1118
9	[P]—关燃料气控制前手阀XV1003
10	[P]—关进料泵出口控制阀XV9006

序号	操作步骤
11	[P]—停转料泵 P9002
12	[P]—关进料泵入口控制阀 XV9005
13	[I]—关闭原料油进料调节阀 FIV1101
14	[I]—关闭脱盐水进料控制阀 HV1107
15	[I]—将汽提塔进料控制阀 LV1104 调成手动并关闭
16	[P]—关闭汽提塔蒸汽进气阀 XV6003
17	[I]—启动新氢压缩机紧急停车自保系统
18	[I]—关闭新氢出口阀 HV1109
19	[I]—关闭新氢入口阀 HV1110
20	[I]—当 PI3001 压力达到 2.5MPa 以下时,开启氮气隔离控制阀 HV1106
21	[P]—选择消防器材(干粉灭火器)
22	[P]—进行灭火操作考核
23	[M]—进行隔热服考核

6. 事故处理完成向调度室汇报,并恢复现场

① 班长报告调度室,事故处理完毕,请求恢复现场。

② 对现场进行恢复。

任务评价

考核评分表见表 3-21。

表 3-21　着火事故考核评分表

考核内容	考核项目(柴油加氢工艺)	评分标准	评分结果		配分	得分	备注
事故预警	关键词:报警器报警	汇报内容未包含关键词,本项不得分	是□	否□	2		
事故确认	关键词:现场查看	汇报内容未包含关键词,本项不得分	是□	否□	2		
事故汇报	关键词:反应工段	汇报内容未包含关键词,本项不得分	是□	否□	2		
	关键词:加氢反应器	汇报内容未包含关键词,本项不得分	是□	否□	2		
	关键词:法兰	汇报内容未包含关键词,本项不得分	是□	否□	2		
	关键词:无人员伤亡	汇报内容未包含关键词,本项不得分	是□	否□	2		
	关键词:可控	汇报内容未包含关键词,本项不得分	是□	否□	2		
启动预案	关键词:着火应急预案	汇报内容未包含关键词,本项不得分	是□	否□	4		
汇报调度室	关键词:报告调度室	汇报内容未包含关键词,本项不得分	是□	否□	2		
	关键词:反应工段/加氢反应器/着火应急预案	汇报内容缺少一项本项不得分	是□	否□	2		

考核内容	考核项目（柴油加氢工艺）	评分标准	评分结果		配分	得分	备注
防护用品的选择	班长/外操防毒面罩穿戴正确	收紧部位正常，无明显松动，有一人错误本项不得分	是□	否□	4		
	班长/外操防护手套穿戴正确	化学防护手套，佩戴规范，有一人错误本项不得分	是□	否□	4		
	滤毒罐7#罐（黄色）	选择滤毒罐佩戴，有一人错误本项不得分	是□	否□	5		
安全措施	班长/外操事故处理时进入装置前静电消除	有一人未静电消除，本项不得分	是□	否□	4		
	现场警戒1#位置	展开警戒线，将道路封闭，未操作本项不得分	是□	否□	4		
	现场警戒2#位置	展开警戒线，将道路封闭，未操作本项不得分	是□	否□	4		
汇报调度室	完成后向裁判汇报	未汇报裁判，本项不得分	是□	否□	4		
DCS系统评分	事故选择	评分标准为：未选择，本项不得分	是□	否□	10		
	循环氢压缩机	自保	是□	否□	2		
	HV1104	关闭	是□	否□	1		
	HV1103	关闭	是□	否□	1		
	HV1101	开启	是□	否□	3		
	TIV1001	手动关闭	是□	否□	2		
	HV1118	开启	是□	否□	2		
	XV1003	关闭	是□	否□	2		
	XV9006	关闭	是□	否□	2		
	P9002	关闭	是□	否□	2		
	XV9005	关闭	是□	否□	2		
	FIV1101	关闭	是□	否□	2		
	HV1107	关闭	是□	否□	2		
	LV1104	手动关闭	是□	否□	2		
	XV6003	关闭	是□	否□	2		
	新氢压缩机	自保	是□	否□	2		
	HV1109	关闭	是□	否□	1		
	HV1110	关闭	是□	否□	1		
	HV1106	开启	是□	否□	2		
	消防器材	选择	是□	否□	3		
	灭火考核	效果	是□	否□	3		
合计							

任务五　汽提塔塔顶法兰泄漏事故处置

2005年3月23日中午一点二十分左右，英国石油公司（BP）美国得克萨斯州炼油厂的碳氢化合物车间发生了火灾和一系列爆炸事故，15名工人被当场炸死，170余人受伤，在周围工作和居住的许多人成为爆炸产生的浓烟的受害者，同时，这起事故还导致了严重的经济损失，这是过去20年间美国作业场所最严重的灾难之一。

事故原因分析：操作工误操作，造成烃分馏液面温度高出控制温度3.9℃，操作工对阀门和液面检查粗心大意，没有及时发现液面超标，结果液面过高导致分馏塔超压，大量物料进入放空罐，气相组分从放空烟囱逸出后发生爆炸。

个人防护用品包括安全帽、化学防护手套、过滤式防毒面具，选择黄色滤毒罐。

一、气体报警器认知

想一想

为什么内操首先在DCS发现报警器报警？其工作原理是什么？

气体报警器（图3-27，图3-28）就是气体泄漏检测报警仪器。当工业环境中可燃或有毒气体泄漏，气体报警器检测到气体浓度达到爆炸或中毒报警器设置的临界点时，报警器就会发出报警信号，以提醒工作人员采取安全措施，并驱动排风、切断、喷淋系统，防止发生爆炸、火灾、中毒事故，从而保障安全生产。

工业用固定式气体报警器由报警控制器和气体探测器组成，控制器可放置于值班室内，主要对各监测点进行控制，探测器安装于气体最易泄漏的地点，其核心部件为内置的气体传感器，传感器用于检测空气中气体的浓度。

图 3-27　可燃气体报警器

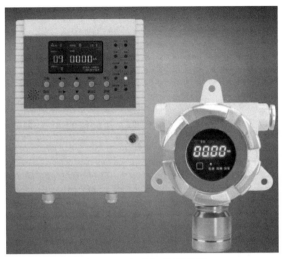

图 3-28　有毒气体报警器

1. 气体探测器安装高度

气体探测器的安装高度跟气体介质有关，首先判别泄漏气体介质是否比空气重，应以泄漏气体介质的分子量与环境空气的分子量的比值为基准。比值≥1.2，泄漏气体介质重于空气；1.0≤比值<1.2，泄漏气体介质略重于空气；0.8<比值<1.0，泄漏气体介质略轻于空气；比值≤0.8，泄漏气体介质轻于空气。

① 检测比空气重的可燃气体或有毒气体时，探测器的安装高度宜距地面（或楼地板）0.3～0.6m；

② 检测比空气轻的可燃气体或有毒气体时，探测器的安装高度宜在释放源上方 2m 内。

③ 检测比空气略重的可燃气体或有毒气体时，探测器的安装高度宜在释放源下方 0.5～1m；

2. 气体探测器设置报警值

可燃气体和有毒气体的检测报警应采用两级报警。同级别的有毒气体和可燃气体同时报警时，有毒气体的报警级别应优先。

确定有毒气体的职业接触限值（OEL）时，应按最高容许浓度、时间加权平均容许浓度、短时间接触容许浓度的优先次序选用。

① 可燃气体的一级报警设定值应小于或等于 25%LEL（可燃气体爆炸下限浓度值）；

② 可燃气体的二级报警设定值应小于或等于 50%LEL；

③ 有毒气体的一级报警设定值小于或等于 100%OEL，有毒气体的二级报警设定值小于或等于 200%OEL。当现有探测器的测量范围不能满足测量要求时，有毒气体的一级报警设定值不得超过 5%IDLH（直接致死浓度），有毒气体的二级报警设定值不得超过 10%IDLH。

对于柴油加氢工艺，汽提塔塔顶泄漏的易燃气体主要为氢气。氢气是一种极度易燃的气体，其爆炸极限范围为 4.1%～74.8%。

二、离心泵停车操作

为什么需要先关出口阀，再停电机？

外操在现场需要对转料泵进行停车操作（表 3-22）时，停车时，若不先关出口阀，突然停车，排出管中的高压液体有可能反冲入泵内，造成叶轮的高速反转，以致损坏。为了保护设备，所以要先关出口阀，再停电机。

表 3-22　停泵操作步骤

序号	操作步骤
1	关进料泵出口控制阀 XV9006
2	停转料泵 P9002
3	关进料泵入口控制阀 XV9005

三、汽提塔塔顶法兰泄漏事故现象

上位机可燃气体报警器报警，汽提塔塔顶法兰泄漏，现场报警（图 3-29）。

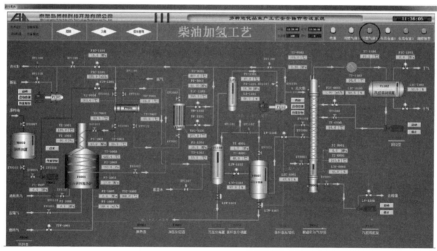

(a) 上位机可燃气体报警器报警

(b) 汽提塔塔顶法兰泄漏，有烟雾

(c) 现场报警灯报警

图 3-29 汽提塔塔顶法兰泄漏事故现象

熟悉汽提塔塔顶法兰泄漏事故处理方法。

1. 事故预警

内操首先发现上位机可燃气体报警器报警，向班长汇报。

[I]—报告班长，DCS可燃气体报警器报警，原因不明。

2. 事故确认

班长通知外操去现场查看。

[M]—收到！请外操进行现场查看。

3. 事故汇报

外操进入装置区首先需要消除静电。外操发现汽提塔塔顶法兰泄漏，有烟雾，向班长汇报。汇报要点包括：出事工段（反应工段），事故设备（汽提塔），泄漏的位置（塔顶法兰），人员受伤情况（无人员伤亡），现场状况是否可控（可控）。

[P]—收到！报告班长反应工段汽提塔塔顶法兰泄漏，暂无人员伤亡，初步判断可控。

4. 启动预案及事故判断

班长根据外操汇报，通知内操外操启动汽提塔泄漏应急预案，并向调度室汇报。

[M]—收到！内操外操注意！立即启动汽提塔泄漏应急预案。

[M]—报告调度室，反应工段汽提塔发生泄漏事故，已启动汽提塔泄漏应急预案。

5. 事故处理

注：[I]——内操；[M]——班长；[P]——外操。操作步骤如表3-23所示。

表 3-23 事故处理步骤

序号	操作步骤
1	[M/P]—穿戴过滤式防毒面具、化学防护手套，进行静电消除
2	[P]—现场拉警戒线

序号	操作步骤
3	[I]—将瓦斯进气调节阀 TIV1001 调至手动并关闭
4	[I]—开蒸汽切断阀 HV1118
5	[P]—关燃料气控制前手阀 XV1003
6	[P]—关进料泵出口控制阀 XV9006
7	[P]—停转料泵 P9002
8	[P]—关进料泵入口控制阀 XV9005
9	[I]—关闭原料油进料调节阀 FIV1101
10	[I]—关闭脱盐水进料控制阀 HV1107
11	[I]—将汽提塔进料控制阀 LV1104 调成手动并关闭
12	[P]—关闭汽提塔蒸汽进气阀 XV6003
13	[I]—启动新氢压缩机紧急停车自保系统
14	[I]—关闭新氢压缩机出口阀 HV1109
15	[I]—关闭新氢入口阀 HV1110
16	[I]—高压分离器泄压,开启 HV1101(泄压速率不能超过 0.7MPa/min)
17	[I]—当 R3001 温度达到 200℃左右,压力达到 2.0MPa 左右时,关闭 HV1101,进入反应系统退守状态
18	[I]—停泵 P1102
19	[I]—将 FIV6001 调成手动并关闭
20	[P]—关闭 XV6005
21	[P]—关闭 XV6009
22	[P]—关闭 XV6004
23	[P]—关闭 XV6008
24	[I]—将 LV1105 调成手动设置开度为 30%
25	[I]—当汽提塔底液位 LI6001 在 5%～0%时关闭 LV1105
26	[I]—关闭 P1101
27	[P]—关闭 XV6001
28	[M]—进行化学防护服考核

6. 事故处理完成向调度室汇报，并恢复现场

① 班长报告调度室，事故处理完毕，请求恢复现场。

② 对现场进行恢复。

任务评价

考核评分表见表 3-24。

表 3-24 泄漏事故考核评分表

考核内容	考核项目(柴油加氢工艺)	评分标准	评分结果		配分	得分	备注
事故预警	关键词:报警器报警	汇报内容未包含关键词,本项不得分	是□	否□	2		
事故确认	关键词:现场查看	汇报内容未包含关键词,本项不得分	是□	否□	2		
事故汇报	关键词:反应工段	汇报内容未包含关键词,本项不得分	是□	否□	2		
	关键词:汽提塔	汇报内容未包含关键词,本项不得分	是□	否□	2		
	关键词:塔顶法兰	汇报内容未包含关键词,本项不得分	是□	否□	2		
	关键词:无人员伤亡	汇报内容未包含关键词,本项不得分	是□	否□	2		
	关键词:可控	汇报内容未包含关键词,本项不得分	是□	否□	2		
启动预案	关键词:泄漏应急预案	汇报内容未包含关键词,本项不得分	是□	否□	4		
汇报调度室	关键词:报告调度室	汇报内容未包含关键词,本项不得分	是□	否□	2		
	关键词:反应工段/汽提塔/泄漏应急预案	汇报内容未包含关键词,本项不得分	是□	否□	2		
防护用品的选择	班长/外操防毒面罩穿戴正确	收紧部位正常,无明显松动,有一人未佩戴或错误本项不得分	是□	否□	4		
	班长/外操防护手套穿戴正确	化学防护手套,佩戴规范,有一人未佩戴或错误本项不得分	是□	否□	4		
	滤毒罐7♯罐(黄色)	选择滤毒罐佩戴,有一人未佩戴或错误本项不得分	是□	否□	6		
安全措施	班长/外操事故处理时进入装置前静电消除	有一人未静电消除,本项不得分	是□	否□	6		
	现场警戒1♯位置	展开警戒线,将道路封闭	是□	否□	5		
	现场警戒2♯位置	展开警戒线,将道路封闭	是□	否□	5		
汇报调度室处理完成	完成后向裁判汇报	汇报裁判	是□	否□	2		
DCS系统评分	事故选择	评分标准为:未选择,本项不得分	是□	否□	10		
	TIV1001	手动关闭	是□	否□	2		
	HV1118	开启	是□	否□	2		
	XV1003	关闭	是□	否□	1		
	XV9006	关闭	是□	否□	1		
	P9002	关闭	是□	否□	2		
	XV9005	关闭	是□	否□	2		
	FIV1101	关闭	是□	否□	2		

考核内容	考核项目（柴油加氢工艺）	评分标准	评分结果		配分	得分	备注
DCS系统评分	HV1107	关闭	是□	否□	1		
	LV1104	手动关闭	是□	否□	1		
	XV6003	关闭	是□	否□	2		
	新氢压缩机	自保	是□	否□	1		
	HV1109	关闭	是□	否□	1		
	HV1110	关闭	是□	否□	1		
	HV1101	开启	是□	否□	2		
	HV1101	关闭	是□	否□	2		
	P1102	关闭	是□	否□	1		
	FIV6001	手动关闭	是□	否□	1		
	XV6005	关闭	是□	否□	1		
	XV6009	关闭	是□	否□	1		
	XV6004	关闭	是□	否□	1		
	XV6008	关闭	是□	否□	1		
	LV1105	手动设置开度为30％	是□	否□	2		
	LV1105	关闭	是□	否□	2		
	P1101	关闭	是□	否□	1		
	XV6001	关闭	是□	否□	2		
合计							

任务六　反应器床层超温事故处置

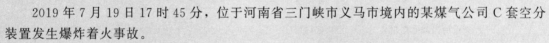

案例导引

2019年7月19日17时45分，位于河南省三门峡市义马市境内的某煤气公司C套空分装置发生爆炸着火事故。

专家认为本次爆炸原因是压力容器安全泄放失控导致超压，"温度高了，液体变成气体，液氧液氮变成气体后膨胀，压力高了就可能发生爆炸。"

个人防护用品包括安全帽、普通工作服。

一、柴油加氢工艺超温控制措施

📖 想一想

从工艺的角度思考,如何控制反应器床层温度?

柴油加氢工艺采用的反应器为列管式固定床反应器。通常在管内充填催化剂,反应物自上而下通过催化剂床层进行反应,管间通载热体。对于柴油加氢工艺,原料为原料油与氢气的混合物,载热体为急冷氢(循环氢供给)。混氢油在反应器中催化剂的作用下,进行加氢精制反应,这个反应是急剧的放热反应,正常的操作中,用调节急冷氢量来移走反应热。

1. 控制反应器入口温度

以加热炉式换热器提供热源的反应,要严格控制反应器入口物流的温度,即控制加热炉出口温度或换热器终温,这是装置重要的工艺指标。加氢裂化反应器可以通过加大循环氢量或减少新鲜料,来降低反应器的入口温度。

此次反应器温度高报,可以采取的措施是减少新鲜来料和加热炉停止加热,如表 3-25 所示。

表 3-25　措施 1

具体措施	具体操作
(1)停止加热炉加热	[I]—将瓦斯进气调节阀 TIV1001 调至手动并关闭
	[I]—开蒸汽切断阀 HV1118
	[P]—关燃料气控制前手阀 XV1003
(2)减少新鲜来料,首先停进料泵,然后关闭进料阀门	[P]—关进料泵出口控制阀 XV9006
	[P]—停转料泵 P9002
	[P]—关进料泵入口控制阀 XV9005
	[I]—关闭原料油进料调节阀 FIV1101

2. 控制反应床层间的急冷氢量

加氢裂化是急剧的放热反应。如热量不及时移走,将使催化剂温度升高。而催化剂床层温度的升高,又加速了反应的进行,如此循环,会使反应器的温度在短时间急剧升高,使反应失控,造成严重的操作事故。正常的操作中,用调节急冷氢量来降低床层温度,如表 3-26 所示。

表 3-26　措施 2

具体措施	具体操作
增加急冷氢量	[I]—将急冷氢进料调节阀 TV1101 调成手动并满开
	[I]—将急冷氢进料调节阀 TV1102 调成手动并满开

3. 反应温度的限制

不同反应过程,对温度的限制是不一样的。加氢裂化反应器的操作规程规定,反应器床层任何一点温度超过正常温度15℃时即停止进料,超过正常温度28℃时,则要采取紧急措施,启动高压放空系统。

加氢精制是在氢气存在下的高压反应。反应压力主要是氢气的分压。加氢裂化的氢气压缩机分新氢压缩机和循环压缩机两种。新氢压缩机主要用来补充系统氢气压力,循环压缩机的作用主要是保持系统压力,整个系统压力的维持,依靠这两种压缩机的综合平衡。压力主要依靠高压分离器的压力调节器来控制。

此次反应器温度高报,可以降低系统压力,因为压力下降,反应剧烈程度减缓,使温度不至于进一步剧升,从而防止造成反应失控,如表3-27所示。

表 3-27　措施 3

具体措施	具体操作
高压分离器泄压,降低系统压力,使反应剧烈程度减缓,从而使反应器温度不至于进一步剧升	[I]—高压分离器泄压,开启 HV1101
	[I]—启动循环氢压缩机自保系统
	[I]—关闭循环氢压缩机入口阀 HV1103
	[I]—关闭循环氢压缩机出口阀 HV1104
	[I]—系统压力 PI3001 降至 3MPa 以下,反应器床层温度 TI3001 降至 150℃ 以下时,关闭高压分离器放空阀 HV1101

二、反应器床层超温事故现象

DCS 床层温度指示超温报警;现场报警灯报警(图 3-30)。

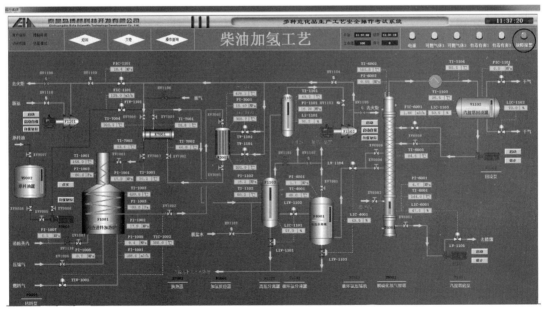

(a) 上位机反应器温度高报警

(b) 现场报警灯报警

图 3-30　反应器床层超温事故现象

熟悉反应器床层超温事故处理方法。

1. 事故预警

内操首先发现上位机反应器温度高报报警，向班长汇报。

[I]—报告班长，反应器温度高报，故障报警器报警，原因不明。

2. 事故确认

班长通知外操去现场查看。

[M]—收到！请外操进行现场查看。

3. 事故汇报

外操进入装置区首先需要消除静电。外操发现反应器温度高报，向班长汇报。汇报要点包括：出事工段（反应工段），事故设备（反应器），事故现象（压力表超压），人员受伤情况（无人员伤亡），现场状况是否可控（可控）。

[P]—收到！报告班长反应工段反应器压力表超压，暂无人员伤亡，初步判断可控。

4. 启动预案及事故判断

班长根据外操汇报，通知内操外操启动反应器超温应急预案，并向调度室汇报。

[M]—收到！内操外操注意！立即启动反应器超温应急预案。

[M]—报告调度室，反应工段反应器发生超温事故，已启动反应器超温应急预案。

5. 事故处理

注：[I]——内操；[M]——班长；[P]——外操。操作步骤如表 3-28 所示。

表 3-28　事故处理步骤

序号	操作步骤
1	[I]—将瓦斯进气调节阀 TIV1001 调至手动并关闭
2	[I]—开蒸汽切断阀 HV1118
3	[P]—关燃料气控制前手阀 XV1003
4	[P]—关进料泵出口控制阀 XV9006
5	[P]—停转料泵 P9002
6	[P]—关进料泵入口控制阀 XV9005
7	[I]—关闭原料油进料调节阀 FIV1101
8	[I]—关闭脱盐水进料控制阀 HV1107
9	[I]—将汽提塔进料控制阀 LV1104 调成手动并关闭
10	[P]—关闭汽提塔蒸汽进气阀 XV6003
11	[I]—将冷氢进料调节阀 TV1101 调成手动并满开
12	[I]—将冷氢进料调节阀 TV1102 调成手动并满开
13	[I]—高压分离器泄压，开启 HV1101
14	[I]—启动循环氢压缩机自保系统
15	[I]—关闭循环氢压缩机入口阀 HV1103
16	[I]—关闭循环氢压缩机出口阀 HV1104
17	[I]—系统压力 PI3001 降至 3MPa 以下，反应器床层温度 TI3001 降至 150℃以下时，关闭高压分离器放空阀 HV1101
18	[I]—循环氢压缩机自保连锁复位
19	[I]—开启循环氢压缩机入口阀 HV1103
20	[I]—启动循环氢压缩机
21	[I]—开启循环氢压缩机出口阀 HV1104
22	[I]—当系统压力 PI3001 达到 16.8MPa 后，TV1101 投自动
23	[I]—当系统压力 PI3001 达到 16.8MPa 后，TV1102 投自动
24	[M]—进行创伤包扎考核

6. 事故处理完成向调度室汇报，并恢复现场

① 班长报告调度室，事故处理完毕，请求恢复现场。

② 对现场进行恢复。

考核评分表见表 3-29。

表 3-29 超温事故考核评分表

考核内容	考核项目(柴油加氢工艺)	评分标准	评分结果		配分	得分	备注
事故预警	关键词:报警器报警	汇报内容未包含关键词,本项不得分	是□	否□	3		
事故确认	关键词:现场查看	汇报内容未包含关键词,本项不得分	是□	否□	3		
事故汇报	关键词:反应工段	汇报内容未包含关键词,本项不得分	是□	否□	3		
	关键词:反应器	汇报内容未包含关键词,本项不得分	是□	否□	3		
	关键词:压力表超压	汇报内容未包含关键词,本项不得分	是□	否□	3		
	关键词:无人员伤亡	汇报内容未包含关键词,本项不得分	是□	否□	2		
	关键词:可控	汇报内容未包含关键词,本项不得分	是□	否□	2		
启动预案	关键词:超温应急预案	汇报内容未包含关键词,本项不得分	是□	否□	6		
汇报调度室	关键词:报告调度室	汇报内容未包含关键词,本项不得分	是□	否□	2		
	关键词:反应工段/反应器/超温应急预案	汇报内容未包含关键词,本项不得分	是□	否□	2		
汇报调度室处理完成	完成后向裁判汇报	汇报裁判	是□	否□	2		
DCS系统评分	事故选择	评分标准为:未选择,本项不得分	是□	否□	10		
	TIV1001	手动关闭	是□	否□	3		
	HV1118	开启	是□	否□	2		
	XV1003	关闭	是□	否□	2		
	XV9006	关闭	是□	否□	2		
	P9002	关闭	是□	否□	2		
	XV9005	关闭	是□	否□	2		
	FIV1101	关闭	是□	否□	3		
	HV1107	关闭	是□	否□	3		
	LV1104	手动关闭	是□	否□	2		
	XV6003	关闭	是□	否□	2		
	TV1101	手动满开	是□	否□	3		
	TV1102	手动满开	是□	否□	3		
	HV1101	开启	是□	否□	2		
	循环氢压缩机	自保	是□	否□	2		
	HV1103	关闭	是□	否□	2		
	HV1104	关闭	是□	否□	2		
	HV1101	关闭	是□	否□	4		
	循环氢压缩机	复位	是□	否□	2		
	HV1103	开启	是□	否□	2		
	循环氢压缩机	启动	是□	否□	2		
	HV1104	开启	是□	否□	2		
	TV1101	自动	是□	否□	5		
	TV1102	自动	是□	否□	5		
合计							

任务七　反应工段停电事故处置

案例导引

2008年10月22日11时55分，某建筑工程公司干河项目部施工队，在干河矿动筛车间旁的蓄电池充电车间工地挖土方时，将一根直埋的6kV电缆挖断，致使电缆短路、开关保护动作掉闸，造成全矿停电50分钟的事故。

事故原因是施工单位违章作业。该建筑工程公司干河项目部施工队，没有按规定措施进行作业，在知道该施工区域内埋设有电缆的情况下仍用机械设备挖土方，没按要求进行人工倒土开挖。

个人防护用品包括安全帽、普通工作服。

一、离心泵开车操作

想一想

为什么需要先关出口阀，再启动离心泵？

外操需要在现场完成离心泵的启动操作，如表3-30所示。

表3-30　离心泵开车操作

序号	操作步骤
1	关闭进料泵出口控制阀XV9006
2	开启泵P9002
3	当压力稳定后开启进料泵出口控制阀XV9006

由于停电导致离心泵停止运行，恢复电力供应后，启动离心泵时需要离心泵的泵后阀先关闭，根据离心泵的特性曲线，流量为零时，泵的轴功率最小，防止启动时瞬时电流过大烧坏电机。但是注意在出口控制阀关闭情况下，泵连续运转时间不宜过长，否则会造成憋泵。

二、分布式控制系统

分布式控制系统（distributed control system，DCS）是历史悠久的典型控制系统形态。控制系统分上下位机，上位机组态偏重 GUI（图形用户界面），下位机组态偏重算法。

设想自己开发一个控制系统。首先要做的是告诉计算机自己想干什么，然后由计算机通知控制器，最后控制器再告诉执行器具体该怎么做。这里面开发人员只跟计算机发生对话，这里的计算机就是上位机，接收计算机指令的控制器就是下位机，如图 3-31 所示。

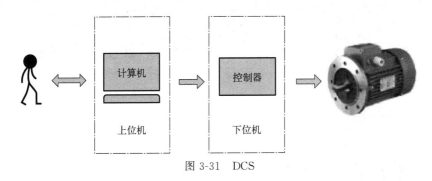

图 3-31　DCS

DCS 的作用是什么呢？

举例：因为某个工艺需要，水箱液位需要保持在一定范围内，当水箱液位出现较大波动且超出此范围后，可以选择去现场手动调节控制水位的阀门，也可以通过 DCS 发出指令去调节。

DCS 相当于大脑，对眼睛看到的情况（即现场检测仪表传输过来的信号，如水位降低）做出反应（即发出指令，如增大进水阀开度），现场执行设备接收到指令做出相应的动作（如增大进水阀开度，保持水位在一定范围）。

本工艺流程采用功能完善、技术先进的分布式控制系统（DCS），对工艺数据实时处理，完成生产过程的实时控制和报警。对于工艺越限或设备故障可能导致的人员或环境危害，或可能对装置主要设备造成严重生产损失或经济损失的，将由单独的安全仪表系统（SIS）进行保护。按照规范要求在工艺装置区域内设置必要的可燃气、有毒气体检测器，并在中心控制室内集中进行监视和报警。可燃气和有毒气体检测系统（FGDS）独立于 DCS 设置。

三、反应工段停电事故现象

上位机电源故障报警（图 3-32），现场无声音。

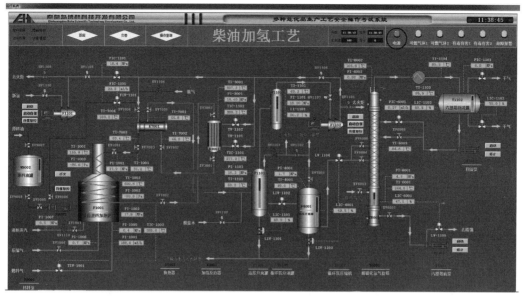

图 3-32 上位机电源故障报警

熟悉反应工段停电事故处理方法。

1. 事故预警

内操首先发现上位机动力电故障报警器报警，向班长汇报。

［I］—报告班长，DCS 动力电故障报警器报警，原因不明。

2. 事故确认

班长通知外操去现场查看。

［M］—收到！请外操进行现场查看。

3. 事故汇报

外操进入装置区首先需要消除静电。外操发现反应工段动设备停止运转，发生动力电故障，向班长汇报。汇报要点包括：出事工段（反应工段），事故设备（动设备），事故现象（动力电故障），人员受伤情况（无人员伤亡），现场状况是否可控（可控）。

［P］—收到！报告班长反应工段动设备停止运转，发生动力电故障，暂无人员伤亡，初步判断可控。

4. 启动预案及事故判断

班长根据外操汇报，通知内操外操启动反应工段停电应急预案，并向调度室汇报。

［M］—收到！内操外操注意！立即启动反应工段停电应急预案。

［M］—报告调度室，反应工段发生动力电故障，已启动停电应急预案。

［I］—软件选择事故：反应工段停电事故。

5. 事故处理

注：〔I〕——内操；〔M〕——班长；〔P〕——外操。操作步骤如表 3-31 所示。

表 3-31　事故处理步骤

序号	操作步骤
1	〔I〕—急冷氢控制阀 TV1101 调成手动满开
2	〔I〕—急冷氢控制阀 TV1102 调成手动满开
3	〔P〕—关闭进料泵出口控制阀 XV9006
4	〔P〕—开启转料泵 P9002
5	〔P〕—当压力稳定后开启进料泵出口控制阀 XV9006
6	〔I〕—启动泵 P1101
7	〔I〕—启动泵 P1102
8	〔I〕—加热炉连锁复位
9	〔I〕—加热炉点火
10	〔P〕—检查瓦斯进气调节阀 TIV1001
11	〔P〕—检查加热炉燃气燃烧情况(看火门)
12	〔P〕—检查 V9002 液位 LIA9002
13	〔P〕—检查 T6001 塔底液位 LI6001
14	〔I〕—新氢压缩机停机连锁复位
15	〔I〕—启动新氢压缩机
16	〔I〕—循环氢压缩机停机连锁复位
17	〔I〕—启动循环氢压缩机
18	〔I〕—此时反应器各床层温度下降,通过调节急冷氢的阀门开度调整温度,当达到 388℃/377℃/406℃ 左右后投自动

6. 事故处理完成向调度室汇报，并恢复现场

① 班长报告调度室，事故处理完毕，请求恢复现场。

② 对现场进行恢复。

考核评分表见表 3-32。

表 3-32　停电事故考核评分表

考核内容	考核项目(柴油加氢工艺)	评分标准	评分结果		配分	得分	备注
事故预警	关键词:报警器报警	汇报内容未包含关键词,本项不得分	是□	否□	2		
事故确认	关键词:现场查看	汇报内容未包含关键词,本项不得分	是□	否□	2		
事故汇报	关键词:反应工段	汇报内容未包含关键词,本项不得分	是□	否□	1		
	关键词:动设备	汇报内容未包含关键词,本项不得分	是□	否□	1		

考核内容	考核项目(柴油加氢工艺)	评分标准	评分结果		配分	得分	备注
事故汇报	关键词:动力电故障	汇报内容未包含关键词,本项不得分	是□	否□	1		
	关键词:无人员伤亡	汇报内容未包含关键词,本项不得分	是□	否□	1		
	关键词:可控	汇报内容未包含关键词,本项不得分	是□	否□	1		
启动预案	关键词:停电应急预案	汇报内容未包含关键词,本项不得分	是□	否□	4		
汇报调度室	关键词:报告调度室	汇报内容未包含关键词,本项不得分	是□	否□	1		
	关键词:反应工段/动力电故障/停电应急预案	汇报内容未包含关键词,本项不得分	是□	否□	1		
关键阀门检查	检查 TIV1001	将状态牌旋转至"事故时-事故勿动",未操作本项不得分	是□	否□	4		
	检查看火门	将状态牌旋转至"事故时-事故勿动",未操作本项不得分	是□	否□	4		
	检查 LIA9002	将状态牌旋转至"事故时-事故勿动",未操作本项不得分	是□	否□	4		
	检查 LI6001	将状态牌旋转至"事故时-事故勿动",未操作本项不得分	是□	否□	4		
汇报调度室处理完成	完成后向裁判汇报	汇报裁判	是□	否□	4		
DCS系统评分	事故选择	评分标准为:未选择,本项不得分	是□	否□	10		
	TV1101	手动满开	是□	否□	4		
	TV1102	手动满开	是□	否□	3		
	XV9006	关闭	是□	否□	3		
	P9002	开启	是□	否□	3		
	XV9006	开启	是□	否□	3		
	P1101	启动	是□	否□	3		
	P1102	启动	是□	否□	3		
	加热炉	复位	是□	否□	3		
	加热炉	点火	是□	否□	3		
	新氢压缩机	复位	是□	否□	3		
	新氢压缩机	启动	是□	否□	3		
	循环氢压缩机	复位	是□	否□	3		
	循环氢压缩机	启动	是□	否□	3		
	TIC1101	(377 ± 1.5)℃	是□	否□	5		
	TIC1102	(388 ± 1.5)℃	是□	否□	5		
	TI3001	(406 ± 1.5)℃	是□	否□	5.		
合计							

项目三
煤制甲醇工艺事故处理

1. 熟悉煤制甲醇工艺流程；
2. 会进行煤制甲醇工艺交接班工作；
3. 能完成煤制甲醇工艺中毒、着火、泄漏、超温超压、停电事故处理；
4. 能树立安全第一的理念，并影响周围人；
5. 培养团结合作的精神。

任务一　贯通煤制甲醇工艺流程

煤化工技术是指以产出新的能源和产品为主的煤化学加工转化技术，以洁净煤技术为基础，主要包括煤的焦化、气化和液化。随着社会经济的不断发展，以获得洁净能源为主要目的的煤炭液化、煤基代用液体燃料、煤气化-发电等煤化工或煤化工能源技术也越来越受到关注，并将成为新型煤化工产业化发展的主要方向。其中，煤气化分支的产品最多，应用最广泛，是煤化工产业的核心部分。由煤气化制合成气后，生产甲醇、合成氨等中间产品，合成氨可生产尿素，而在煤基醇醚产业链上，甲醇是最重要的产出物及有机化工原料，可以生产甲醛、DMF、甲胺、合成橡胶、醋酸、二甲醚等一系列有机化工产品，并且甲醇、二甲醚是目前较为适宜的替代能源品种。

一、甲醇认知及其应用

1. 甲醇产品基本认知

甲醇（methanol，CH_3OH）是结构最为简单的饱和一元醇，CAS 号为 67-56-1 或

170082-17-4，分子量为 32.04，沸点为 64.7℃，熔点为 -97.8℃，闪点为 12.22℃，自燃点为 470℃，相对密度为 0.7915（20℃/4℃），爆炸极限下限为 6%，上限为 36.5%。甲醇是一种透明、无色、易燃、有毒的液体，略带酒精味，因在干馏木材中首次发现，故又称木醇或木精，能与水、乙醇、乙醚、苯、丙酮和大多数有机溶剂混溶，是重要有机化工原料和优质燃料。

2. 甲醇的主要应用

甲醇是化工生产中的重要原料，主要用于制备甲醛、醋酸、氯甲烷、甲胺、硫酸二甲酯等多种有机产品，也是农药、医药的重要原料之一。甲醇亦可代替汽油作燃料使用。

甲醇的主要应用领域是生产甲醛，甲醛可用来生产胶黏剂，主要用于木材加工业，其次用作模塑料、涂料、纺织物及纸张等的处理剂。

甲醇另一主要用途是生产醋酸。醋酸消费约占全球甲醇需求的 7%，可生产醋酸乙烯、醋酸纤维和醋酸酯等，其需求与涂料、黏合剂和纺织等方面的需求密切相关。

甲醇可用于制造甲酸甲酯，甲酸甲酯可用于生产甲酸、甲酰胺和其他精细化工产品，还可用作杀虫剂、杀菌剂、熏蒸剂、烟草处理剂和汽油添加剂。

甲醇也可制造甲胺，甲胺是一种重要的脂肪胺，以液氮和甲醇为原料，可通过加工分离为一甲胺、二甲胺、三甲胺，是基本的化工原料之一。

甲醇可合成碳酸二甲酯，是一种环保产品，应用于医药、农业和特种行业等。

甲醇可合成乙二醇，是石化中间原料之一，可用于生产聚酯和防冻剂。

通常甲醇是一种比乙醇更好的溶剂，可以溶解许多无机盐，亦可掺入汽油作替代燃料使用。20 世纪 80 年代以来，甲醇用于生产汽油辛烷值添加剂甲基叔丁基醚、甲醇汽油、甲醇燃料，以及甲醇蛋白等产品，促进了甲醇生产的发展和市场需要。

综上所述，甲醇不仅是重要的化工原料，而且还是性能优良的能源和车用燃料。甲醇与异丁烯反应得到 MTBE（甲基叔丁基醚），它是高辛烷值无铅汽油添加剂，亦可用作溶剂。除此之外，还可制烯烃和丙烯，解决资源短缺问题。

二、甲醇的生产方法

甲醇的生产方法主要有天然气制甲醇、煤与焦炭制甲醇、油制甲醇以及联醇生产等方法。

1. 天然气制甲醇

天然气是制造甲醇的主要原料。天然气的主要组分是甲烷，还含有少量的其他烷烃、烯烃与氮气。以天然气生产甲醇原料气有蒸汽转化、催化部分氧化、非催化部分氧化等方法，其中蒸汽转化法应用最广泛，它是在管式炉中常压或加压下进行的。由于反应吸热必须从外部供热以保持所要求的转化温度，一般是在管间燃烧某种燃料气来实现，转化用的蒸汽直接在装置上靠烟道气和转化气的热量制取。

2. 煤与焦炭制甲醇

煤与焦炭是制造甲醇粗原料气的主要固体燃料。用煤和焦炭制甲醇的工艺路线包括燃料的气化、气体的脱硫、变换、脱碳及甲醇合成与精制。

用蒸汽与氧气（或空气、富氧空气）对煤、焦炭进行热加工称为固体燃料气化，气化所得可燃性气体通称为煤气，是制造甲醇的初始原料气，气化的主要设备是煤气发生炉，按煤在炉中的运动方式，气化方法可分为固定床（移动床）气化法、流化床气化法和气流床气化法。国内用煤与焦炭制甲醇的煤气化一般都沿用固定床间歇气化法，煤气发生炉沿用 UCJ 炉。在国外对于煤的气化，已工业化的煤气化炉有柯柏斯-托切克（Koppers-Totzek）、鲁奇（Lurgi）及温克勒（Winkler）三种，第二代、第三代煤气化炉的炉型主要有德士古（Texaco）及谢尔-柯柏斯（Shell-Koppers）等。

3. 油制甲醇

工业上用油来制取甲醇的油品主要有两类：一类是石脑油，另一类是重油。

原油精馏所得的 220℃ 以下的馏分称为轻油，又称石脑油。以石脑油为原料生产合成气的方法有加压蒸汽转化法、催化部分氧化法、加压非催化部分氧化法、间歇催化转化法等。

重油是石油炼制过程中的一种产品，以重油为原料制取甲醇原料气有部分氧化法与高温裂解法两种途径。高温裂解法需在 1400℃ 以上的高温下，在蓄热炉中将重油裂解，虽然可以不用氧气，但设备复杂，操作麻烦，生成炭黑量多。

重油部分氧化是指重质烃类和氧气进行燃烧反应，反应放热，使部分碳氢化合物发生热裂解，裂解产物进一步发生氧化、重整反应，最终得到以 H_2、CO 为主，含有少量 CO_2、CH_4 的合成气供甲醇合成使用。

4. 联醇生产

与合成氨联合生产甲醇简称联醇生产，这是一种合成气的净化工艺，以替代我国不少合成氨生产用铜氨液脱除微量碳氧化物而开发的一种新工艺。

联醇生产的工艺条件是在压缩机五段出口与铜洗工序进口之间增加一套甲醇合成的装置，包括甲醇合成塔、循环机、水冷器、分离器和粗甲醇贮槽等有关设备，工艺流程是压缩机五段出口气体先进入甲醇合成塔，大部分原先要在铜洗工序除去的一氧化碳和二氧化碳在甲醇合成塔内与氢气反应生成甲醇，联产甲醇后进入铜洗工序的气体一氧化碳含量明显降低，减轻了铜洗负荷，同时变换工序的一氧化碳指标可适量放宽，降低了变换的蒸汽消耗，而且压缩机前几段气缸输送的一氧化碳成为有效气体，压缩机电耗降低。

联产甲醇后能耗降低较明显，可使每吨氨节电 50kWh，节省蒸汽 0.4t，折合能耗为 200 万千焦。联醇工艺流程必须重视原料气的精脱硫和精馏等工序，以保证甲醇催化剂使用寿命和甲醇产品质量。

三、煤制甲醇工艺

1. 煤制甲醇的生产原理

（1）合成气的制造与生产甲醇的主要原料

合成气（含有 CO、CO_2、H_2 的气体）在一定压力（5～10MPa）、一定温度（230～280℃）和催化剂的条件下反应生成甲醇，合成反应如下：

$$CO + 2H_2 \Longrightarrow CH_3OH + Q$$
$$CO_2 + 3H_2 \Longrightarrow CH_3OH + H_2O + Q$$

含有 CO、CO_2、H_2 的气体称为合成气，能生成合成气的原料就是生产甲醇的原料。主要有：

A. 气体原料：天然气、油田伴生气、煤层气、炼厂气、焦炉气、高炉煤气；

B. 液体原料：石脑油、轻油、重油、渣油；

C. 固体原料：煤、焦炭。

（2）以煤为原料生产合成气

煤与氧气在高温下燃烧，产生 CO_2，反应式如下：

$$C_m H_n + O_2 \longrightarrow CO + H_2O + CO_2 + Q$$

上式即为用来生产合成气的反应，也是煤气化的主要反应。

（3）变换

把粗煤气中的多余的 CO、H_2O 变换为 H_2、CO_2，反应式如下：

$$CO + H_2O \Longrightarrow H_2 + CO_2 + Q$$

2. 煤制甲醇的工艺流程

煤制甲醇即以煤为原料生产甲醇，在生产过程中主要分为气化、变换、低温甲醇洗、压缩、合成、精馏、回收等工序。

① 从外界以及氢回收工段来的原料气由合成压缩机 C1101 压缩后，经过中间换热器 E7001 预热，达到催化剂活性温度后进入合成塔 R3001 进行甲醇合成反应。

② 反应后的高温产物进入中间换热器 E7001 与冷的原料气进行换热冷却后，进入二级水冷器 E1101A/B 进行进一步的冷却，冷却后的粗产品进入甲醇分离器 F4001。

③ 从甲醇分离器 F4001 分离出的粗甲醇由分离器底部进入甲醇膨胀槽 V1102 进行进一步的分离后，粗甲醇进入粗甲醇罐 V9002 作为后续精馏工段的原料。

④ 从甲醇分离器 F4001 分离出的气态介质进入甲醇洗涤塔 T6001 进一步回收甲醇蒸汽，不凝气去往氢回收工段进行处理后作为回收的原料气返回合成压缩机。

煤制甲醇工艺流程图如图 3-33 所示。

活动 1：请查阅资料，了解甲醇以及甲醇的主要应用有哪些，完成表 3-33 的内容。

表 3-33　甲醇应用列表

序号	甲醇的具体应用
1	
2	
3	
4	
5	
6	
...	

活动 2：请查阅资料，叙述煤制甲醇工艺流程。

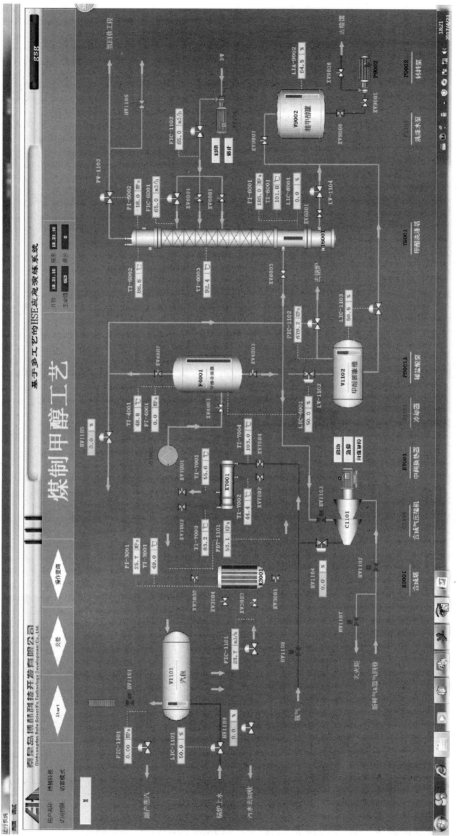

图 3-33 煤制甲醇工艺流程图

任务二　煤制甲醇交接班操作

煤制甲醇即以煤为原料生产甲醇，在生产过程中主要分为气化、变换、低温甲醇洗、压缩、合成、精馏、回收等工序。本任务选取合成部分作为考核。物料主要包括一氧化碳、氢气和甲醇。因此我们需要了解这三种物料存在的危险性。

一、煤制甲醇重大危险源管理

工艺主要涉及的危险化学品是甲醇、一氧化碳及氢气（图 3-34）。通过查看这三种危险化学品的安全周知卡，一氧化碳和甲醇的主要危险特性是易燃、有毒，而氢气具有易燃、易爆的危险特性。因此现场操作过程中需要当心火灾、当心爆炸、当心中毒，同时合成工段有放热反应，还要当心烫伤，为了保证作业安全，避免发生火灾爆炸，要严格控制点火源，禁止吸烟、禁止烟火，禁止穿化纤衣服以免产生静电发生火灾爆炸。重大危险源控制如图 3-35 所示。

二、煤制甲醇工艺重要的阀门及仪表认知

本工艺涉及的主要设备是合成塔 R3001、甲醇分离器 F4001 及甲醇洗涤塔 T6001。其中最关键的设备就是合成塔 R3001，巡检时需要注意合成塔出口阀 XV3001、合成塔入口阀 XV3002，合成塔的安全附件主要包括压力表 PI3001、温度传感器 TI3001，需要严格控制反应的温度和压力来保证产品质量。合成塔的温度主要是通过汽包压力来调节，因此需要注意合成塔进水切断阀 XV3003、合成塔蒸汽出口切断阀 XV3004。

三、熟悉各个岗位工作职责

1. 内操岗位职责

① 坚守工作岗位，对站区工艺系统进行 24 小时监控。

② 熟练操作 DCS 和消防自控系统，正确处理各种报警信息。熟练使用消防器材。

③ 做好系统定检，定时与巡检班核对现场仪表参数。

④ 出现紧急情况应及时报告值班调度，并采取相应的应急措施。

⑤ 做好交接班记录。

⑥ 确保工控、显示、报警、仪表完好。

⑦ 具体负责作业计划的监控。

2. 外操岗位职责

① 现场巡视抄表时，对液位、压力、温度的变化应掌握准确无误并及时反馈给总控室。

② 查缺陷、查泄漏、查松动、保安全（三查一保）。

③ 搞好库区内设备、设施的维护与保养，做到无锈、无烂、无漏、无丢失，保证活动

部件及安全阀的灵敏可靠（四无一保）。

④ 熟练掌握库区内设备的正确使用及管理。

⑤ 定期保养、定期检查、定人负责、统一验收（三定一统一）。

⑥ 查缺陷、查泄漏、查隐患，发现问题及时组织人员采取措施处理，重大问题向有关部门报告。

⑦ 经常接受安全教育、专业知识教育和消防知识教育，不断提高素质，创建文明罐区。

⑧ 及时收集和整理各原始记录和报表，及时上报。

危险化学品安全周知卡

危险性类别	品名、英文名及分子式、CC码及CAS码	危险性标志
有毒 易燃	甲醇 methyl alcohol methanol CAS No：67-56-1	

危险性理化数据	危险特性
熔点(℃)：–97.8℃ 相对密度(水=1)：0.79 沸点(℃)：64.8℃ 饱和蒸气密度(空气=1)：1.11	易燃，其蒸气与空气可形成爆炸性混合物，遇明火、高热能引起燃烧爆炸。与氧化剂接触发生化学反应或引起燃烧。在火场中，受热的容器有爆炸危险。其蒸气比空气重，能在较低处扩散到相当远的地方，遇火源会着火回燃。

接触后表现	现场急救措施
对中枢神经系统有麻醉作用；对视神经和视网膜有特殊选择作用，引起病变；可致代射性酸中毒。急性中毒：短时大量吸入出现轻度眼上呼吸道刺激症状（口服有胃肠道刺激症状）；经一段时间潜伏期后出现头痛、头晕、乏力、眩晕、酒醉感、意识朦胧、谵妄，甚至昏迷。视神经及视网膜病变，可有视物模糊、复视等，重者失明。	皮肤接触：立即脱去被污染的衣着，用甘油、聚乙烯乙二醇或聚乙烯乙二醇和酒精混合液(7:3)抹洗，然后用水彻底清洗。或用大量流动清水冲洗，至少15分钟。就医。眼睛接触：立即提起眼睑，用大量流动清水或生理盐水彻底冲洗至少15分钟。就医。吸入：迅速脱离现场至空气新鲜处。保持呼吸道通畅。如呼吸困难，给输氧。

身体防护措施

泄漏处理及防火防爆措施
迅速撤离泄漏污染区人员至安全区，并进行隔离，严格限制出入。切断火源。建议应急处理人员戴自给正压式呼吸器，穿防静电工作服。不要直接接触泄漏物。尽可能切断泄漏源。防止流入下水道、排洪沟等限制性空间。小量泄漏：用砂土或其它不燃材料吸附或吸收。也可以用大量水冲洗，洗水稀释后放入废水系统。大量泄漏：构筑围堤或挖坑收容、用泡沫覆盖，降低蒸气灾害。用防爆泵转移至槽车或专用收集器内，回收或运至废物处理场所处置。

浓度	当地应急救援单位名称	当地应急救援单位电话
MAC(mg/m³)：50	市消防中心 市人民医院	市消防中心：119 市人民医院：120

(a) 甲醇

图 3-34

危险化学品安全周知卡

危险性类别	品名、英文名称及分子式、CC码及CAS码	危险性标志
易燃，易爆	氢气 Hydrogen H₂ CAS No.：1333-74-0	易燃气体 2

危险性理化数据	危险特性
熔点(℃)：–259.2 沸点(℃)：–252.8 相对密度：0.07 临界温度(℃)：–240 临界压力(MPa)：1.3 溶解性：不溶于水、不溶于乙醇	氢气极易燃烧，燃烧时，其火焰无颜色，肉眼无法看见。氢气能与空气，氧气及有氧化性的蒸汽形成燃烧爆炸性混合物，遇明火高热能引起燃烧爆炸，与氧化剂能发生化学反应。氢气比空气轻，易扩散，氢气在设备及管路中流动容易产生和积累静电。

接触后表现	现场急救措施
本品在生理学上是惰性气体，仅在高浓度时，由于空气中氧分压降低才引起窒息。在很高的分压下，氢气可呈现出麻醉作用。与空气混合形成爆炸性混合物遇热或明火即会发生爆炸。	皮肤接触：如果发生冻伤，将患者部浸泡于保持在38℃～42℃的温水中复温，不要涂擦，不要使用热水或辐射热，使用清洁、干燥的敷料包扎。就医。 眼睛接触：一般不会通过该途径接触。 吸入：迅速脱离现场至空气新鲜处。保持呼吸道通畅。如呼吸困难，给输氧。如呼吸停止立即进行人工呼吸。就医。 食入：不会通过该途径接触。

个体防护措施

●必须戴防护眼镜　●必须穿防护服　**注意通风**

泄漏处理及防火防爆措施

泄漏处理：迅速撤离泄漏污染区人员至上风口，并隔离直至气体散尽，切断火源。建议应急处理人员戴自给式呼吸器，穿一般消防防护服。切断气源，抽排(室内)或强力通风(室外)，如有可能，将漏出气用排风机送至空旷处或装设适当喷头烧掉。漏气容器不能再用，且要经过技术处理以清除可能剩下的气体。

灭火方法：当氢气泄漏已发生火灾时，在切断气源，做好堵漏准备以及将火焰控制在较小范围的情况下，可用干粉灭火器将火扑灭，然后迅速将漏点堵住，同时继续加强设备冷却，直到设备温度冷至常温。

灭火剂：抗溶性泡沫、干粉、二氧化碳、砂土。当未切断气源，漏点没有把握堵住前，消防人员要加强冷却正在燃烧的和与其相邻的贮罐及有关管道，将火控制在一定范围内，让其稳定燃烧。对相邻贮罐宜重点冷却受火焰辐射的一面，同时，应将着火罐放空，以减少罐内压力，防止发生爆炸。

最高容许	当地应急救援单位名称	当地应急救援单位电话
MAC(mg/m³)：未制定	市消防中心 市人民医院	市消防中心：119 市人民医院：120

(b) 氢气

危险化学品安全周知卡

危险性提示词	品名、英文名及分子式、CC码及CAS码	危险性标志
易燃 有毒 易爆	一氧化碳 分子式：CO	

危险性理化数据	灭火方式
无色、无味、无臭气体。微溶于水。 气体相对密度：0.79 爆炸极限：12%～74%	灭火剂：干粉、二氧化碳、雾状水、泡沫。 • 若不能切断泄漏气源，则不允许熄灭泄漏处的火焰； • 用大量水冷却临近设备或着火容器，直至火灾扑灭； • 毁损容器由专业人员处置。

接触后表现	现场急救措施
一氧化碳在血中与血红蛋白结合而造成组织缺氧。急性中毒：轻度中毒者出现头痛、头晕、耳鸣、心悸、恶心、呕吐、无力，血液碳氧血红蛋白浓度可高于10%；中度中毒者除上述症状外，还有皮肤粘膜呈樱红色、脉快、烦躁、步态不稳、浅至中度昏迷，血液碳氧血红蛋白浓度可高于30%；重度患者深度昏迷、瞳孔缩小、肌张力增强、频繁抽搐、大小便失禁、休克、肺水肿、严重心肌损害等，血液碳氧血红蛋白可高于50%。部分患者昏迷苏醒后，约经2～60天的症状缓解期后，又可能出现迟发性脑病，以意识精神障碍、锥体系或锥体外系损害为主。慢性影响：能否造成慢性中毒及对心血管影响无定论。	• 吸入：迅速脱离现场至空气新鲜处。保持呼吸道通畅。如呼吸困难，给输氧。呼吸、心跳停止，立即进行心肺复苏术。就医。高压氧治疗。

个体防护措施

泄漏应急处理
迅速撤离泄漏污染区人员至上风处，并立即隔离150m，严格限制出入。切断火源。建议应急处理人员戴自给正压式呼吸器，穿防静电工作服。尽可能切断泄漏源。合理通风，加速扩散。喷雾状水稀释、溶解。构筑围堤或挖坑收容产生的大量废水。如有可能，将漏出气用排风机送至空旷地方或装设适当喷头烧掉。也可以用管路导至炉中、凹地焚之。漏气容器要妥善处理，修复、检验后再用。

最高允许浓度	应急救援单位名称	应急救援单位电话
MAC(mg/m³)：10	市消防中心 市人民医院	市消防中心：119 市人民医院：120

(c) 一氧化碳

图 3-34 煤制甲醇工艺危险化学品安全周知卡

图 3-35 煤制甲醇工艺重大危险源安全警示牌

3. 班长岗位职责

① 贯彻执行厂和车间对安全生产的指令和要求，全面负责本班的安全生产。

② 组织职工学习贯彻执行厂、车间生产规章制度和安全技术操作规程，教育职工遵章守纪，制止违章行为。

③ 负责对新工人进行岗位安全教育。

④ 负责班组安全检查，发现安全隐患，及时组织力量消除，并报告上级，发生事故立即报告组织检校，保护好现场，做好详细记录。

⑤ 负责生产设备、安全装备、消防设施、防护器材和急救器具的检查和维护工作，使其经常保持完好和正常运行，教育职工合理使用劳动保护用品用具，正确使用灭火器材。

⑥ 负责班组建设，提高班组管理水平，保持生产作业现场整齐、清洁。实现文明生产。

活动1：安全标识识读

班长正确选择危险化学品安全周知卡：甲醇、氢气与一氧化碳安全周知卡。因其具有易燃易爆性质及有毒性质，禁止标志为：禁止烟火、禁止吸烟、禁止穿化纤衣服；警示标志为：当心烫伤、当心中毒、当心爆炸、当心火灾。

根据工艺流程图，外操寻找阀门及仪表位置。

活动2：根据煤制甲醇工艺交接班考核内容，分小组完成交接班操作。

具体操作步骤如表3-34所示。

表 3-34　煤制甲醇交接班

描述：在化工企业班组间的交接工作是日常工作中重要的一个环节，本考核环节要求三名选手各自完成相应的工作，其中班长完成重大危险源相关考核内容，外操完成现场装置巡查相关考核内容，内操完成不正常工艺参数的调整相关考核内容

序号	工作内容	考核项	项目	分工	项目内容	考核内容
1	接班工作内容考核	重大危险源管理	危险化学品安全周知卡	班长(M)	甲醇安全周知卡	
					一氧化碳安全周知卡	
					氢气安全周知卡	
			重大危险源安全警示牌		禁止标志	禁止烟火
						禁止吸烟
						禁止穿化纤衣服
					警示标志	当心烫伤
						当心中毒
						当心爆炸
						当心火灾

序号	工作内容	考核项	项目	分工	项目内容	考核内容
1	接班工作内容考核	现场巡查	装置现场工艺巡查	外操(P)	现场关键阀门巡检	合成塔出口阀 XV3001
						合成塔入口阀 XV3002
						合成塔进水切断阀 XV3003
						合成塔蒸汽出口切断阀 XV3004
						甲醇分离器气相出口阀 XV4002
					现场关键仪表及安全设施巡检	合成塔压力表 PI3001
						合成塔温度传感器 TI3001
						可燃气体报警器 1#
						可燃气体报警器 2#
						有毒气体报警器 1#
						有毒气体报警器 2#
		工艺控制	生产工艺控制调节	内操(I)	工艺调节(甲醇合成塔床层温度过高,温度 TI3001 正常值为 230.84℃,汽包压力 PIC1101 正常值为 2391.7kPa)	将 FIV1101 调成手动调节流量值
						开启汽包放空阀 HV1101
						调稳后投自动(温度达到 230.84℃ 以下,汽包压力达到 2391.7kPa 左右),关闭放空阀 HV1101

任务评价

考核评分表见表 3-35。

表 3-35　煤制甲醇交接班考核评分表

考核点	考核项目(煤制甲醇工艺)	评分标准	评分结果		配分	得分	合计
甲醇安全周知卡	正确选择安全周知卡	选择错误本项不得分	是□	否□	6		
氢气安全周知卡	正确选择安全周知卡	选择错误本项不得分	是□	否□	6		
一氧化碳安全周知卡	正确选择安全周知卡	选择错误本项不得分	是□	否□	6		
重大危险源安全警示牌	禁止烟火	未完成本项不得分	是□	否□	4		
	禁止吸烟	未完成本项不得分	是□	否□	4		
	禁止穿化纤衣服	未完成本项不得分	是□	否□	4		
	当心烫伤	未完成本项不得分	是□	否□	4		
	当心中毒	未完成本项不得分	是□	否□	4		
	当心爆炸	未完成本项不得分	是□	否□	4		
	当心火灾	未完成本项不得分	是□	否□	4		

考核点	考核项目(煤制甲醇工艺)	评分标准	评分结果		配分	得分	合计
工艺巡查(现场"常时"巡检牌)	XV3001	调整到"阀门检查"状态,未完成本项不得分	是□	否□	4		
	XV3002	调整到"阀门检查"状态,未完成本项不得分	是□	否□	4		
	XV3003	调整到"阀门检查"状态,未完成本项不得分	是□	否□	4		
	XV3004	调整到"阀门检查"状态,未完成本项不得分	是□	否□	4		
	XV4002	调整到"阀门检查"状态,未完成本项不得分	是□	否□	4		
	PI3001	调整到"仪表检查"状态,未完成本项不得分	是□	否□	4		
	TI3001	调整到"仪表检查"状态,未完成本项不得分	是□	否□	4		
	可燃气体报警器1#	调整到"仪表检查"状态,未完成本项不得分	是□	否□	4		
	可燃气体报警器2#	调整到"仪表检查"状态,未完成本项不得分	是□	否□	4		
	有毒气体报警器1#	调整到"仪表检查"状态,未完成本项不得分	是□	否□	4		
	有毒气体报警器2#	调整到"仪表检查"状态,未完成本项不得分	是□	否□	4		
DCS系统评分	FIV1101	手动,未完成本项不得分	是□	否□	1		
	稳定温度	$(230+2)℃$,未完成本项不得分	是□	否□	2		
	修改为自动	自动,未完成本项不得分	是□	否□	1		
	修改自动值		是□	否□	1		
	HV1101泄压	开启,未完成本项不得分	是□	否□	1		
	泄压范围	$(2.3±0.1)$MPa,未完成本项不得分	是□	否□	5		
合计							

任务三　甲醇合成气泄漏中毒事故处置

案例导引

2017年某日7时左右，江苏某化工股份有限公司二分厂造气车间下灰工程发生一起煤气中毒事故，造成1人死亡、1人受伤，直接经济损失约150万元。

事故直接原因：现场工作人员在未佩戴防毒面具且未进行有毒有害气体检测，无专人监管的情况下，违章进行排灰作业。

思考：急性中毒事故是指生产性毒物一次或短期内通过人的呼吸道、消化道或皮肤等途径，大量进入体内，使人体在短时间内发生病变，导致职工立即中断工作，并且需要进行急救或引起死亡的事故。急性中毒事故的突出特点就是发病快，一般不超过一个工作日，有的毒物因毒性有一定的潜伏期，可能在下班后数小时内发病。根据煤制甲醇合成工艺，甲醇和一氧化碳均具有毒性，一旦合成塔发生泄漏，有可能发生人员中毒现象。

个人防护用品包括安全帽、化学防护服、正压式空气呼吸器，应急物品包括医用担架。

一、煤制甲醇工艺危险化学品认知

想一想

甲醇合成气泄漏中毒事故中，造成工业中毒的罪魁祸首是什么？应该采取哪些防毒措施？

此工艺造成中毒事故的工业毒物是一氧化碳，其理化性质及危险性如下。

1. 理化性质

一氧化碳为无味、无色、无臭的气体，与空气的相对密度为 0.97，可溶于氨水、乙醇、苯和醋酸，爆炸极限为 12%～74%。其最高容许浓度 MAC 值为 10mg/m³。

2. 危害

在工业生产中一氧化碳主要造成急性中毒，按严重程度可分为三个等级：轻度中毒者表现为头痛、头晕、心悸、恶心、呕吐、四肢无力等症状，脱离中毒环境几小时后症状消失。中度中毒者除上述症状外，还会出现面色潮红、黏膜呈樱桃红色，全身疲软无力，步态不稳，意识模糊甚至昏迷，若抢救及时，数日内可恢复。重度中毒者往往是因为中度中毒者继续吸入一氧化碳而转变的，此时可在前述症状后发展为昏迷。此外，在短期内吸入大量一氧化碳也可造成重度中毒，这时患者无任何不适感就很快丧失意识而昏迷，有的甚至立即死亡。重度中毒者昏迷程度较深，持续时间可长达数小时，且可并发休克、脑水肿、呼吸衰竭、心肌损害、肺水肿、高热、惊厥等症状，治愈后常有后遗症。

3. 预防措施

凡产生一氧化碳的设备应严格执行检修制度，以防泄漏；凡有一氧化碳存在的车间应加强通风，并安装报警仪器；处理事故或进入高浓度场所应戴呼吸防护器；正常生产过程中应及时测定一氧化碳浓度，并严格控制操作时间。

二、甲醇合成气泄漏中毒事故现象

现场报警灯报警；上位机有毒气体报警器报警；中间换热器泄漏，有烟雾；现场有人员呼救"救命"（图 3-36）。

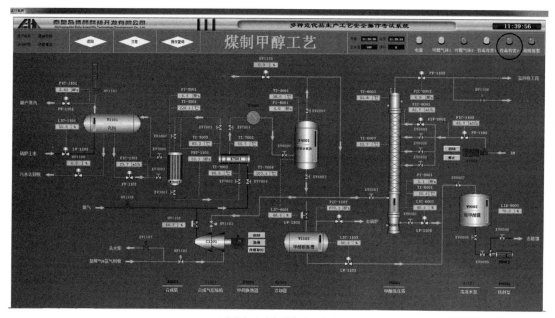

(a) 上位机有毒气体报警器报警

(b) 中间换热器泄漏，有烟雾

(c) 现场报警灯报警

图 3-36 甲醇合成气泄漏中毒事故现象

熟悉甲醇合成气泄漏中毒事故处理方法。

1. 事故预警

内操首先发现上位机有毒气体报警器报警，向班长汇报。

［I］——报告班长，DCS有毒气体报警器报警，原因不明。

2. 事故确认

班长通知外操去现场查看。

［M］——收到！请外操进行现场查看。

3. 事故汇报

外操进入装置区首先需要消除静电。外操发现中间换热器泄漏，有烟雾，向班长汇报。

汇报要点包括：出事工段（合成工段），事故设备（中间换热器），泄漏位置（法兰），人员受伤情况（有人员中毒），现场状况是否可控（可控）。

［P］—收到！报告班长合成工段中间换热器上法兰泄漏，有人员中毒，初步判断可控。

4. 启动预案及事故判断

班长根据外操汇报，通知内操外操启动甲醇合成气泄漏中毒事故应急预案，并向调度室汇报。

［M］—收到！内操外操注意！立即启动中间换热器泄漏应急预案和合成气中毒应急预案。

［M］—报告调度室，合成工段中间换热器发生泄漏事故，有人员中毒，已启动中间换热器泄漏应急预案和合成气中毒应急预案。

［I］—软件选择事故：合成气泄漏中毒事故。

5. 事故处理

注：［I］——内操；［M］——班长；［P］——外操。操作步骤如表 3-36 所示。

表 3-36　中毒事故处理步骤

序号	操作步骤
1	［I］—关闭合成气切断阀 HV1102
2	［I］—开启合成气放空阀 HV1107
3	［I］—按合成气压缩机紧急停车按钮
4	［I］—关闭合成气压缩机入口控制阀 HV1103
5	［I］—将压缩机出口控制阀 HV1104 调成 0%，关闭
6	［I］—开启去火炬放空阀 HV1105，开度设置为 35%
7	［I］—当系统压力(P3001)降到 0.5MPa 以下时，开启氮气切断阀 HV1108
8	［M/P］—穿戴化学防护服/自给式呼吸器
9	［P］—现场拉警戒线
10	［M/P］—担架的正确使用
11	［M/P］—将中毒人员转移至通风点
12	［P］—关闭 XV6003
13	［I］—洗涤水进料阀 FV1102 调成手动并关闭
14	［I］—关闭洗涤水泵 P1101
15	［I］—将水洗塔塔顶出料控制阀 PV1103 调成手动并关闭
16	［I］—将水洗塔塔底出料控制阀 LV1104 调成手动并关闭
17	［I］—将 FIV6001 调成手动并关闭
18	［P］—关闭 XV6001
19	［P］—关闭 XV4003
20	［P］—关闭 XV6004
21	［P］—关闭 XV6005
22	［P］—关闭 XV6008
23	［P］—关闭 XV6009

6. 事故处理完成向调度室汇报，并恢复现场

① 班长报告调度室，事故处理完毕，请求恢复现场。

② 对现场进行恢复。

考核评分表见表 3-37。

表 3-37　中毒事故考核评分表

考核内容	考核项目(煤制甲醇工艺)	评分标准	评分结果		配分	得分	备注
事故预警	关键词:报警器报警	汇报内容未包含关键词,本项不得分	是□	否□	1		
事故确认	关键词:现场查看	汇报内容未包含关键词,本项不得分	是□	否□	1		
事故汇报	关键词:合成工段	汇报内容未包含关键词,本项不得分	是□	否□	1		
	关键词:中间换热器	汇报内容未包含关键词,本项不得分	是□	否□	1		
	关键词:法兰	汇报内容未包含关键词,本项不得分	是□	否□	1		
	关键词:中毒	汇报内容未包含关键词,本项不得分	是□	否□	1		
	关键词:可控	汇报内容未包含关键词,本项不得分	是□	否□	1		
启动预案	关键词:泄漏应急预案	汇报内容未包含关键词,本项不得分	是□	否□	4		
	关键词:中毒应急预案	汇报内容未包含关键词,本项不得分	是□	否□	4		
汇报调度室	关键词:报告调度室	汇报内容未包含关键词,本项不得分	是□	否□	1		
	关键词:合成工段/中间换热器/泄漏应急预案/中毒应急预案	汇报内容未包含关键词,本项不得分	是□	否□	1		
防护用品的选择及使用	班长/外操化学防护服穿戴正确	胸襟粘合良好,无明显异常	是□	否□	4		
		腰带系好,无明显异常	是□	否□	4		
		颈带系好,无明显异常	是□	否□	4		
	班长/外操呼吸器穿戴正确	面罩紧固良好,无明显异常	是□	否□	4		
		气阀与面罩连接稳固,未脱落	是□	否□	4		

考核内容	考核项目(煤制甲醇工艺)	评分标准	评分结果		配分	得分	备注
安全措施	现场警戒1#位置	未展开警戒线,本项不得分	是□	否□	4		
	现场警戒2#位置	未展开警戒线,本项不得分	是□	否□	4		
担架的正确使用	伤员肢体在担架内(头部)	头部超出担架,本项不得分	是□	否□	1		
	胸部绑带固定	胸部插口未连接,本项不得分	是□	否□	1		
	腿部绑带固定	腿部插口未连接,本项不得分	是□	否□	1		
	抬起伤员时,先抬头后抬脚	抬起方式不正确,本项不得分	是□	否□	1		
	放下伤员时,先放脚后放头	放下方式不正确,本项不得分	是□	否□	1		
	搬运时伤员脚在前,头在后	搬运方式不正确,本项不得分	是□	否□	1		
中毒人员的转移正确	中毒人员转移至正确的位置(方向象限)	放置于正确象限,未完成不得分	是□	否□	2		
汇报调度室处理完成	完成后向裁判汇报	未汇报裁判,本项不得分	是□	否□	1		
DCS系统评分	事故选择	评分标准为:未选择,本项不得分	是□	否□	10		
	HV1102	关闭	是□	否□	2		
	HV1107	开启	是□	否□	2		
	压缩机	急停	是□	否□	2		
	HV1103	关闭	是□	否□	2		
	HV1104	关闭	是□	否□	2		
	HV1105	35%	是□	否□	2		
	XV6003	关闭	是□	否□	2		
	HV1108	开启	是□	否□	2		
	FV1102	手动关闭	是□	否□	2		
	P1101	关闭	是□	否□	2		
	PV1103	手动关闭	是□	否□	2		
	LV1104	手动关闭	是□	否□	2		
	FIV6001	手动关闭	是□	否□	2		
	XV6001	关闭	是□	否□	2		
	XV4003	关闭	是□	否□	2		
	XV6004	关闭	是□	否□	2		
	XV6005	关闭	是□	否□	2		
	XV6008	关闭	是□	否□	1		
	XV6009	关闭	是□	否□	1		
合计							

任务四　甲醇合成塔法兰泄漏着火事故处置

案例导引

2018年7月12日18时42分33秒，位于宜宾市江安县阳春工业园区内的宜宾某科技有限公司发生重大爆炸着火事故，造成19人死亡、12人受伤，直接经济损失4142余万元。

调查认定，事故发生的直接原因是：该公司在生产咪草烟的过程中，操作人员将无包装标识的氯酸钠当作2-氨基-2,3-二甲基丁酰胺（以下简称丁酰胺），补充投入到R301釜中进行脱水操作，引发爆炸着火。

个人防护用品包括安全帽、隔热服、化学防护手套、过滤式防毒面具，选择白色滤毒罐。

一、甲醇合成塔法兰泄漏着火事故个人防护用品选用

想一想

通过查阅资料，甲醇合成塔法兰泄漏着火事故中涉及的危险化学品有哪些，具有哪些危险特性，应该采取哪些应急措施？

甲醇合成塔法兰泄漏着火事故中，涉及的危险化学品主要有甲醇、氢气和一氧化碳。通过查看这三种危险化学品的安全周知卡，可知一氧化碳和甲醇的主要危险特性是易燃、有毒，而氢气具有易燃、易爆的危险特性。在事故处理过程中为了防止中毒，需要佩戴过滤式防毒面具，选择5号白色滤毒罐，此滤毒罐主要针对一氧化碳，可以实现单一防毒。同时为了预防烧伤，需要穿戴隔热服。

氢气和一氧化碳火灾类型属于C类气体火灾，而甲醇火灾类型属于B类液体火灾，因此可以选择干粉灭火剂实现灭火。（注：干粉灭火剂主要用于扑救各种非水溶性及水溶性可燃、易燃液体的火灾，以及天然气和石油气等可燃气体火灾和一般带电设备的火灾。）

二、甲醇合成塔法兰泄漏着火事故现象

上位机可燃气体报警器报警；甲醇合成塔有火光，烟雾喷射；现场报警灯报警（图3-37）。

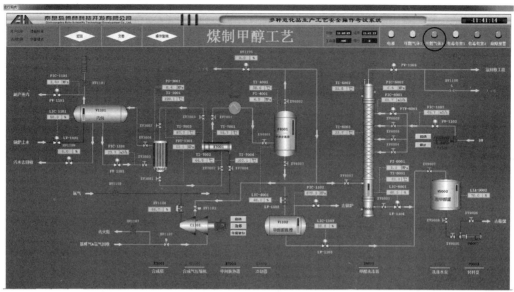

(a) 上位机可燃气体报警器报警

(b) 甲醇合成塔有火光、烟雾喷射

(c) 现场报警灯报警

图3-37　甲醇合成塔法兰泄漏着火事故现象

熟悉甲醇合成塔法兰泄漏着火事故处理方法。

1. 事故预警

内操首先发现上位机可燃气体报警器报警，向班长汇报。

[I] —报告班长，DCS可燃气体报警器报警，原因不明。

2. 事故确认

班长通知外操去现场查看。

[M] —收到！请外操进行现场查看。

3. 事故汇报

外操进入装置区首先需要消除静电。外操发现甲醇合成塔有烟雾和火光，向班长汇报。汇报要点包括：出事工段（合成工段），事故设备（甲醇合成塔），着火的位置（法兰），人员受伤情况（无人员受伤），现场状况是否可控（可控）。

[P] —收到！报告班长甲醇合成工段甲醇合成塔上法兰泄漏着火，暂无人员伤亡，初步判断可控。

4. 启动预案及事故判断

班长根据外操汇报，通知内操外操启动甲醇合成塔泄漏着火事故应急预案，并向调度室汇报。

[M] —收到！内操外操注意！立即启动甲醇合成塔泄漏着火事故应急预案。

[M] —报告调度室，合成工段甲醇合成塔法兰发生泄漏着火事故，已启动甲醇合成塔泄漏着火事故应急预案。

[I] —软件事故选择：甲醇合成塔法兰泄漏着火事故。

5. 事故处理

注：[I]——内操；[M]——班长；[P]——外操。操作步骤如表3-38所示。

表3-38　事故处理步骤

序号	操作步骤
1	[M/P]—穿戴过滤式防毒面具、化学防护手套，进行静电消除
2	[P]—现场拉警戒线
3	[I]—将压缩机出口控制阀HV1104调成手动，设定为10%
4	[I]—开启去火炬放空阀HV1105，开度设置为35%
5	[P]—关闭XV6003
6	[I]—当系统压力（P3001）下降到0.5MPa后开启氮气切断阀HV1108
7	[P]—选择消防器材（干粉灭火器）
8	[P]—灭火操作考核
9	[I]—关闭合成气切断阀HV1102
10	[I]—开启合成气放空阀HV1107
11	[I]—按压缩机紧急停车按钮

序号	操作步骤
12	[I]—关闭合成气压缩机入口控制阀 HV1103
13	[I]—将压缩机出口控制阀 HV1104 调成 0%,关闭
14	[I]—洗涤水进料阀 FV1102 调成手动并关闭
15	[I]—关闭洗涤水泵 P1101
16	[I]—将水洗塔塔顶出料控制阀 PV1103 调成手动并关闭
17	[I]—将水洗塔塔底出料控制阀 LV1104 调成手动并关闭
18	[I]—将 FIV6001 调成手动并关闭
19	[P]—关闭 XV6001
20	[P]—关闭 XV4003
21	[P]—关闭 XV6004
22	[P]—关闭 XV6005
23	[P]—关闭 XV6008
24	[P]—关闭 XV6009
25	[M]—进行隔热服考核

6. 事故处理完成向调度室汇报,并恢复现场

① 班长报告调度室,事故处理完毕,请求恢复现场。

② 对现场进行恢复。

考核评分表见表 3-39。

表 3-39 着火事故考核评分表

考核内容	考核项目(煤制甲醇工艺)	评分标准	评分结果		配分	得分	备注
事故预警	关键词:报警器报警	汇报内容未包含关键词,本项不得分	是□	否□	1		
事故确认	关键词:现场查看	汇报内容未包含关键词,本项不得分	是□	否□	2		
事故汇报	关键词:合成工段	汇报内容未包含关键词,本项不得分	是□	否□	2		
	关键词:甲醇合成塔	汇报内容未包含关键词,本项不得分	是□	否□	2		
	关键词:法兰	汇报内容未包含关键词,本项不得分	是□	否□	2		
	关键词:无人员伤亡	汇报内容未包含关键词,本项不得分	是□	否□	2		
	关键词:可控	汇报内容未包含关键词,本项不得分	是□	否□	2		
启动预案	关键词:泄漏着火应急预案	汇报内容未包含关键词,本项不得分	是□	否□	4		
汇报调度室	关键词:报告调度室	汇报内容未包含关键词,本项不得分	是□	否□	2		
	关键词:合成工段/甲醇合成塔/泄漏着火应急预案	汇报内容缺少一项本项不得分	是□	否□	2		

考核内容	考核项目(煤制甲醇工艺)	评分标准	评分结果		配分	得分	备注
防护用品的选择	班长/外操防毒面罩穿戴正确	收紧部位正常,无明显松动,有一人错误本项不得分	是□	否□	4		
	班长/外操防护手套穿戴正确	化学防护手套,佩戴规范,有一人错误本项不得分	是□	否□	4		
	滤毒罐5♯罐(白色)	选择滤毒罐佩戴,有一人错误本项不得分	是□	否□	5		
安全措施	班长/外操事故处理时进入装置前静电消除	有一人未静电消除,本项不得分	是□	否□	5		
	现场警戒1♯位置	展开警戒线,将道路封闭,未操作本项不得分	是□	否□	4		
	现场警戒2♯位置	展开警戒线,将道路封闭,未操作本项不得分	是□	否□	4		
汇报调度室处理完成	完成后向裁判汇报	未汇报裁判,本项不得分	是□	否□	2		
DCS系统评分	事故选择	评分标准为:未选择,本项不得分	是□	否□	10		
	HV1104	10%	是□	否□	2		
	HV1105	35%	是□	否□	2		
	XV6003	关闭	是□	否□	2		
	HV1108	开启	是□	否□	2		
	消防器材	选择	是□	否□	6		
	灭火考核	效果	是□	否□	3		
	HV1102	关闭	是□	否□	1		
	HV1107	开启	是□	否□	1		
	压缩机	急停	是□	否□	2		
	HV1103	关闭	是□	否□	1		
	HV1104	0%	是□	否□	1		
	FV1102	手动关闭	是□	否□	2		
	P1101	关闭	是□	否□	2		
	PV1103	手动关闭	是□	否□	2		
	LV1104	手动关闭	是□	否□	2		
	FIV6001	手动关闭	是□	否□	2		
	XV6001	关闭	是□	否□	2		
	XV4003	关闭	是□	否□	2		
	XV6004	关闭	是□	否□	1		
	XV6005	关闭	是□	否□	1		
	XV6008	关闭	是□	否□	1		
	XV6009	关闭	是□	否□	1		
合计							

任务五　甲醇分离器法兰泄漏事故处置

案例导引

2014年11月24日16时，鄂尔多斯市某化工有限公司一煤制甲醇项目发生工业气体泄漏事故，4名工人因氮气窒息死亡。

事故概况：2014年11月24日14时许，该化工公司合成车间副主任陈某安排员工刘某、乔某、高某、张某4人在正在建设的低温甲醇洗装置污甲醇罐（V3110）所在地下池边地面上，用吊桶对准备安装甲醇泄漏报警仪的地下池内积水进行吊水清理作业。当时，低温甲醇洗装置污甲醇罐（V3110）罐内正在使用氮气进行干燥。约16时10分，因操作不当吊桶掉入地下池内，4人先后进入地下池取桶和救援，最终因氮气泄漏导致氮气窒息死亡。

此次事故是工作人员操作失误导致的。

个人防护用品包括安全帽、化学防护手套、过滤式防毒面具，选择白色滤毒罐。

一、甲醇分离器认知

甲醇分离器的作用是将经过冷凝的液态甲醇与未反应的原料气分离，分离出的液态甲醇从分离器底部减压后送入粗甲醇贮槽。

图3-38的甲醇分离器由外筒和内筒两部分组成。内筒外侧绕有螺旋板，下部有几个可进入气体的圆孔。气体从甲醇分离器上部切线进入后，沿螺旋板盘旋而下，从内筒下端的圆孔进入筒内折流而上，由于气体的离心作用与回流运动以及进入内筒后空间增大，气流速度降低，使甲醇液滴分离。气体再经多层钢丝网，进一步分离甲醇雾滴，然后从筒体顶盖出口管排出，液态甲醇从分离器底部排液管排出。

二、应急喷淋和洗眼设备

应急喷淋和洗眼设备是作业人员的眼部和身体在作业场所暴露于危险化学品等危险物品后，进行紧急冲洗处理的设备，如图3-39所示。

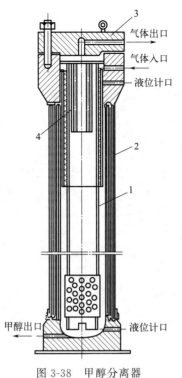

图 3-38　甲醇分离器

1—内筒；2—外筒；3—顶盖；4—钢丝网

图 3-39　应急喷淋和洗眼设备

1. 使用要求

① 应急喷淋和洗眼设备宜安装在作业人员 10s 内能够到达的区域内，并与可能发生危险的区域处于同一平面上，同时需考虑在前往设备的路线中避免障碍物的阻挡。

② 在应急喷淋和洗眼设备的使用范围内宜有高度可视且明显的警示标志，附近宜有良好的照明条件。

③ 应急喷淋和洗眼设备进水口冲洗液适宜的温度范围为 1～38℃。

④ 当处在可能产生冰冻的条件下时，喷淋器应防冻或安装防冻装备。

⑤ 至少每周一次对应急喷淋和洗眼设备进行操作检查与维护并记录。

2. 应急喷淋和洗眼设备结构

① 洗眼喷头为对眼部和面部进行清洗的喷水口。

② 洗眼防尘盖为保护洗眼喷头并防灰尘的防尘盖。

③ 淋浴喷头为对全身进行清洗用的喷水装置。

④ 冲淋手拉阀为打开和关闭水流的阀门装置，一般为 ABS 材质。

3. 使用方法

① 需要冲淋时，请向下拉冲淋拉手，冲淋阀门开启（开启角度 90°），向上推冲淋拉手，冲淋阀门关闭。

② 当需要洗眼时，用手取下洗眼器的防尘盖，手掌靠近阀门，向前方推动洗眼阀门，眼睛靠近洗眼喷头，用手指撑开眼帘，利用水柱冲洗眼部，冲洗时间不少于 15 分钟。清洗眼睛后关闭阀门，盖上防尘盖。

三、甲醇分离器法兰泄漏事故现象

上位机可燃气体报警器报警；甲醇分离器有烟雾喷射；现场报警灯报警（图 3-40）。

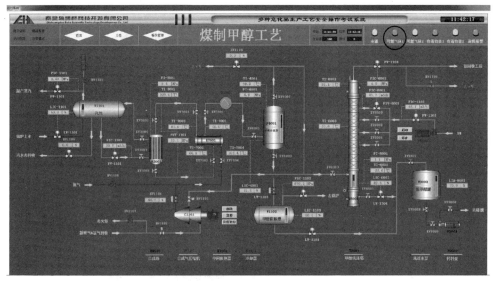

(a) 上位机可燃气体报警器报警

(b) 甲醇分离器有烟雾喷射

(c) 现场报警灯报警

图 3-40　甲醇分离器法兰泄漏事故现象

熟悉甲醇分离器法兰泄漏事故处理方法。

注：［I］——内操；［M］——班长；［P］——外操。

1. 事故预警

内操首先发现上位机可燃气体报警器报警，向班长汇报。

［I］—报告班长，DCS可燃气体报警器报警，原因不明。

2. 事故确认

班长通知外操去现场查看。

［M］—收到！请外操进行现场查看。

3. 事故汇报

外操进入装置区首先需要消除静电。外操发现甲醇分离器法兰泄漏，有烟雾，向班长汇报。汇报要点包括：出事工段（合成工段），事故设备（甲醇分离器），泄漏的位置（法兰），人员受伤情况（无人员伤亡），现场状况是否可控（可控）。

［P］—收到！报告班长合成工段甲醇分离器上法兰泄漏，暂无人员伤亡，初步判断可控。

4. 启动预案及事故判断

班长根据外操汇报，通知内操外操启动甲醇分离器泄漏应急预案，并向调度室汇报。

［M］—收到！内操外操注意！立即启动甲醇分离器泄漏应急预案。

［M］—报告调度室，合成工段甲醇分离器法兰发生泄漏事故，已启动甲醇分离器泄漏应急预案。

［I］—软件事故选择：甲醇分离器法兰泄漏事故。

5. 事故处理

操作步骤如表3-40所示。

表3-40　事故处理步骤

序号	操作步骤
1	［M/P］—穿戴过滤式防毒面具、化学防护手套,进行静电消除
2	［P］—现场拉警戒线
3	［I］—关闭合成气切断阀 HV1102
4	［I］—开启合成气放空阀 HV1107
5	［I］—按合成气紧急停车按钮
6	［I］—关闭合成气压缩机入口控制阀 HV1103
7	［I］—将压缩机出口控制阀 HV1104 调成 0%,关闭
8	［I］—开启去火炬放空阀 HV1105,开度设置为 35% ［P］—关闭 XV6003
9	［I］—当系统压力(P3001)降到 0.5MPa 时,开启氮气切断阀 HV1108

序号	操作步骤
10	[I]—将 LV1102 调成手动并满开
11	[I]—当甲醇分离器液位为 5% 以下时关闭 LV1102
12	[P]—关闭分离器底阀 XV4003
13	[I]—洗涤水进料阀 FV1102 调成手动并关闭
14	[I]—关闭洗涤水泵 P1101
15	[I]—将水洗塔塔顶出料控制阀 PV1103 调成手动并关闭
16	[I]—将水洗塔塔底出料控制阀 LV1104 调成手动并关闭
17	[I]—将 FIV6001 调成手动并关闭
18	[P]—关闭 XV6001
19	[P]—关闭 XV6004
20	[P]—关闭 XV6005
21	[P]—关闭 XV6008
22	[P]—关闭 XV6009
23	[M]—进行防化服考核

6. 事故处理完成向调度室汇报，并恢复现场

① 班长报告调度室，事故处理完毕，请求恢复现场。

② 对现场进行恢复。

任务评价

考核评分表见表 3-41。

表 3-41　泄漏事故考核评分表

考核内容	考核项目(煤制甲醇工艺)	评分标准	评分结果		配分	得分	备注
事故预警	关键词:报警器报警	汇报内容未包含关键词,本项不得分	是□	否□	3		
事故确认	关键词:现场查看	汇报内容未包含关键词,本项不得分	是□	否□	3		
事故汇报	关键词:合成工段	汇报内容未包含关键词,本项不得分	是□	否□	2		
	关键词:甲醇分离器	汇报内容未包含关键词,本项不得分	是□	否□	2		
	关键词:法兰	汇报内容未包含关键词,本项不得分	是□	否□	2		
	关键词:无人员伤亡	汇报内容未包含关键词,本项不得分	是□	否□	2		
	关键词:可控	汇报内容未包含关键词,本项不得分	是□	否□	2		

考核内容	考核项目(煤制甲醇工艺)	评分标准	评分结果		配分	得分	备注
启动预案	关键词:泄漏应急预案	汇报内容未包含关键词,本项不得分	是□	否□	4		
汇报调度室	关键词:报告调度室	汇报内容未包含关键词,本项不得分	是□	否□	2		
	关键词:合成工段/甲醇分离器/泄漏应急预案	汇报内容未包含关键词,本项不得分	是□	否□	2		
防护用品的选择	班长/外操防毒面罩穿戴正确	收紧部位正常,无明显松动,有一人未佩戴或错误本项不得分	是□	否□	4		
	班长/外操防护手套穿戴正确	化学防护手套,佩戴规范,有一人未佩戴或错误本项不得分	是□	否□	4		
	滤毒罐5♯罐(白色)	选择滤毒罐佩戴,有一人未佩戴或错误本项不得分	是□	否□	6		
安全措施	班长/外操事故处理时进入装置前静电消除	有一人未静电消除,本项不得分	是□	否□	6		
	现场警戒1♯位置	展开警戒线,将道路封闭	是□	否□	4		
	现场警戒2♯位置	展开警戒线,将道路封闭	是□	否□	4		
汇报调度室处理完成	完成后向裁判汇报	汇报裁判	是□	否□	2		
DCS系统评分	事故选择	评分标准为:未选择,本项不得分	是□	否□	10		
	HV1102	关闭	是□	否□	2		
	HV1107	开启	是□	否□	2		
	合成气压缩机	急停	是□	否□	2		
	HV1103	关闭	是□	否□	2		
	HV1104	0%	是□	否□	2		
	HV1105	35%	是□	否□	2		
	XV6003	关闭	是□	否□	2		
	HV1108	开启	是□	否□	2		
	LV1102	手动满开	是□	否□	2		
	LV1102	关闭	是□	否□	2		
	XV4003	关闭	是□	否□	2		
	FV1102	手动关闭	是□	否□	2		
	P1101	关闭	是□	否□	2		
	PV1103	手动关闭	是□	否□	1		
	LV1104	手动关闭	是□	否□	1		
	FIV6001	手动关闭	是□	否□	2		
	XV6001	关闭	是□	否□	2		
	XV6004	关闭	是□	否□	1		

考核内容	考核项目(煤制甲醇工艺)	评分标准	评分结果		配分	得分	备注
DCS系统评分	XV6005	关闭	是□	否□	1		
	XV6008	关闭	是□	否□	1		
	XV6009	关闭	是□	否□	1		
合计							

任务六　甲醇合成塔超温事故处置

案例导引

　　2018 年 11 月 7 日永兴热力公司组织员工在三公里锅炉段,模拟进行三公里一号 30 吨锅炉超温超压事故应急演练,旨在检验员工应对突发公共安全事件的救援及抢险能力,将事故控制到最初阶段,最大限度地避免人员伤亡和经济损失。

　　演练正式开始:现场司炉工发现锅炉温度计示数急剧上升,立即向站长报告。站长得知情况后,通知司炉班长马上查找事故原因。查找后发现为锅炉水汽化事故,站长宣布立即启动事故应急预案并同时向热力公司应急救援总指挥报告。为防止锅炉受到突然的温度或压力变化导致事故扩大,立即人工开启了安全阀泄压,并开启锅炉出水口的泄放阀排水,炉内温度迅速降低,压力恢复正常。

任务准备

　　个人防护用品包括安全帽、普通工作服。

相关知识

一、煤制甲醇工艺温度控制措施

想一想

　　从工艺的角度思考,甲醇合成工艺,影响反应器床层温度的因素有哪些?

煤制甲醇工艺采用的反应器为列管式反应器，如图 3-41，其结构类似管壳式热交换器，通常在管内充填催化剂，反应气体自上而下通过催化剂床层进行反应，管间通载热体（在用高压水或高压蒸汽作热载体时，则把催化剂放在管间，而使管内走高压流体）。

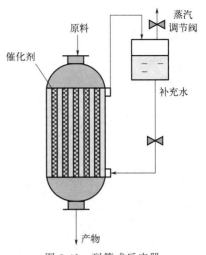

图 3-41　列管式反应器

对于煤制甲醇工艺，载热体为高压蒸汽。原料气在反应器中催化剂的作用下，进行合成放热反应，为了使温度稳定，必须及时移走反应热，否则易使催化剂温升过高，不仅会导致生成高级醇的副反应增加，而且会使催化剂因发生熔结现象而活性下降。反应器的温度主要通过汽包压力来调节。如果反应器的温度较高并且升温速度较快，这时应将汽包蒸汽出口开大，增加蒸汽采出量，同时降低汽包压力，使反应器温度降低或温升速度变小，如表 3-42 所示。

表 3-42　列管反应器降温措施

具体措施	具体操作
开大汽包蒸汽出口，增加蒸汽采出量，同时降低汽包压力，从而降低反应器温度	[I]—全开合成塔壳程控制阀 FV1101
	[I]—全开汽包放空阀 HV1101
	[I]—全开汽包脱盐水进水阀 LV1101
	[I]—开启汽包排污阀 HV1109 至 30%

📖 **想一想**

甲醇合成塔温度为什么能够借助于汽包压力来控制？

合成塔内壳程的锅炉水吸收管程内合成甲醇的反应热后变成一定温度的沸腾水，沸腾水上升进入汽包后在汽包内上部形成与沸腾水温相对应的饱和蒸汽，它所显示的压力即为汽包压力。合成塔内的反应热就是靠沸腾水不断上升产生外送蒸汽而带走热量，床层温度才得以保持稳定，所以床层温度直接受沸腾水温的影响，它随着沸腾水温的改变而改变。

在汽包内对于一定温度的沸腾水来说，就会有与之相对应的一定压力的饱和蒸汽，而且两者相互影响，一一对应。当沸腾水的温度升高（或降低）后，与之对应的饱和蒸汽的压力也会相应地跟着上升（或下降），继而也影响到床层温度的升高（或降低）。因此，调节汽包压力，就能相对应地调节催化剂床层温度。一般是汽包压力每改变 0.1MPa，床层温度也相对应改变 1.5℃。

二、甲醇合成塔超温事故现象

上位机合成塔床层及出口温度报警；现场报警灯报警（图 3-42）。

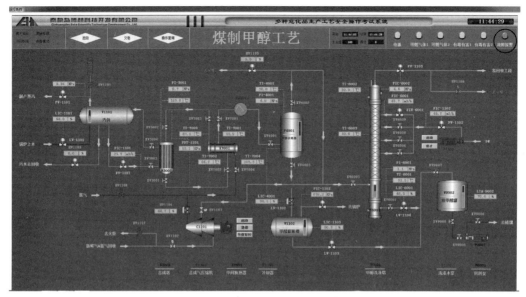

(a) 上位机合成塔床层及出口温度高报

(b) 现场报警灯报警

图 3-42　甲醇合成塔超温事故现象

熟悉甲醇合成塔超温事故处理方法。

1. 事故预警

内操首先发现合成塔床层及出口温度高报，向班长汇报。

[I]—报告班长，合成塔温度高报，故障报警器报警，原因不明。

2. 事故确认

班长通知外操去现场查看。

[M]—收到！请外操进行现场查看。

3. 事故汇报

外操进入装置区首先需要消除静电。外操发现甲醇合成塔压力表超压，向班长汇报。汇报要点包括：出事工段（合成工段），事故设备（合成塔），事故现场（压力表超压），人员受伤情况（无人员伤亡），现场状况是否可控（可控）。

[P]—收到！报告班长合成工段合成塔压力表超压，暂无人员伤亡，初步判断可控。

4. 启动预案及事故判断

班长根据外操汇报，通知内操外操启动合成塔超温超压应急预案，并向调度室汇报。

[M]—收到！内操外操注意！立即启动合成塔超温超压应急预案。

[M]—报告调度室，合成工段合成塔发生超温超压事故，已启动合成塔超温超压应急预案。

[I]—软件事故选择：甲醇合成塔超温事故。

5. 事故处理

注：[I]——内操；[M]——班长；[P]——外操。操作步骤如表 3-43 所示。

表 3-43　事故处理步骤

序号	操作步骤
1	[I]—全开合成塔壳程控制阀 FV1101
2	[I]—全开汽包放空阀 HV1101
3	[I]—全开汽包脱盐水进水阀 LV1101
4	[I]—开启汽包排污阀 HV1109 至 30%
5	[P]—检查 XV3003 满开(挂牌)
6	[P]—检查 XV3004 满开(挂牌)
7	[P]—检查 XV3001 满开(挂牌)
8	[P]—检查 XV3002 满开(挂牌)
9	[I]—当温度下降至 235℃时,关闭汽包放空阀 HV1101
10	[I]—将汽包排污阀 HV1109 设定为 10%
11	[I]—将汽包液位设定为 50%,将控制阀 LV1101 投自动
12	[I]—将 PV1101 调成手动
13	[I]—通过调节 PV1101 控制合成塔温度为 230℃
14	[I]—将 PV1101 投自动
15	[M]—创伤包扎考核内容

6. 事故处理完成向调度室汇报，并恢复现场

① 班长报告调度室，事故处理完毕，请求恢复现场。

② 对现场进行恢复。

考核评分表见表 3-44。

表 3-44　超温事故考核评分表

考核内容	考核项目(煤制甲醇工艺)	评分标准	评分结果		配分	得分	备注
事故预警	关键词:报警器报警	汇报内容未包含关键词,本项不得分	是□	否□	3		
事故确认	关键词:现场查看	汇报内容未包含关键词,本项不得分	是□	否□	2		
事故汇报	关键词:合成工段	汇报内容未包含关键词,本项不得分	是□	否□	2		
	关键词:合成塔	汇报内容未包含关键词,本项不得分	是□	否□	2		
	关键词:压力表超压	汇报内容未包含关键词,本项不得分	是□	否□	2		
	关键词:无人员伤亡	汇报内容未包含关键词,本项不得分	是□	否□	2		
	关键词:可控	汇报内容未包含关键词,本项不得分	是□	否□	2		
启动预案	关键词:超温超压应急预案	汇报内容未包含关键词,本项不得分	是□	否□	5		
汇报调度室	关键词:报告调度室	汇报内容未包含关键词,本项不得分	是□	否□	2		
	关键词:合成工段/合成塔/超温超压应急预案	汇报内容未包含关键词,本项不得分	是□	否□	2		
关键阀门检查	检查 XV3003	将状态牌旋转至"事故时-事故勿动",未操作本项不得分	是□	否□	5		
	检查 XV3004	将状态牌旋转至"事故时-事故勿动",未操作本项不得分	是□	否□	5		
	检查 XV3001	将状态牌旋转至"事故时-事故勿动",未操作本项不得分	是□	否□	5		
	检查 XV3002	将状态牌旋转至"事故时-事故勿动",未操作本项不得分	是□	否□	5		
汇报调度室处理完成	完成后向裁判汇报	汇报裁判	是□	否□	2		
DCS评分系统	事故选择	评分标准为:未选择,本项不得分	是□	否□	10		
	FV1101	全开	是□	否□	3		
	HV1101	全开	是□	否□	3		
	LV1101	全开	是□	否□	3		
	HV1109	30%	是□	否□	4		
	HV1101	关闭	是□	否□	5		
	HV1109	10%	是□	否□	3		
	LV1101	自动	是□	否□	5		
	PV1101	手动	是□	否□	3		

考核内容	考核项目(煤制甲醇工艺)	评分标准	评分结果		配分	得分	备注
DCS 评分系统	TI3001	(230±1.5)℃	是□	否□	10		
	PV1101	自动	是□	否□	5		
合计							

任务七　甲醇合成工段停电事故处置

案例导引

2019 年 4 月 28 日，重庆市开展高危化工企业供电中断事故演习，旨在提高各级相关部门单位的应急联动能力，完善物资调动机制，提高企业安全生产意识，保证社会稳定。

在演习中，位于重庆长寿区经开区的重庆映天辉氯碱化工有限公司、重庆卡贝乐化工有限责任公司同时出现全厂停电，长寿区政府随即响应，下令相关部门立即出动，园区消防人员立即出发前往重庆卡贝乐化工有限责任公司进行支援，利用喷水稀释已泄漏物；园区交巡警队伍紧急出动，前往重庆卡贝乐化工有限责任公司附近维持疏散现场秩序。重庆卡贝乐化工有限责任公司、重庆映天辉氯碱化工有限公司立即启用各自应急预案，在配合国网重庆长寿供电公司完成负荷转移、电力恢复工作的同时，重庆卡贝乐化工有限责任公司现场启动内部措施，组织人员疏散，展示抢险人员组织及处置工艺流程等。

在协同处理的同时，国网重庆长寿供电公司应急发电车紧急出动前往映天辉氯碱化工有限公司支援厂内基本保障用电；巡线人员兵分两路对古川线、朱川线、陈夫线开展带电巡视，并作好抢修准备；检修工作人员则前往 35kV 川能站协助卡贝乐开展检修工作；变电站运维人员出发前往 110kV 花庄站开展故障巡视工作。最终，经过电力抢修、企业自救、消防处理等多部门协调配合，两家企业恢复供电，该事故得以安全处置。

本次演练通过模拟 110kV 花庄站、35kV 川能站全站失电情况，检验国网重庆长寿供电公司及时完成负荷转移、恢复电力供应的能力，另外提高两家高危化工企业在对自身设备故障排查等自身应急处理流程的处置能力。

任务准备

个人防护用品包括安全帽、普通工作服。

一、静电消除技术

事故处理过程中，为什么进入现场前都需要消除静电？

1. 静电的危害

（1）爆炸和火灾

爆炸和火灾是静电危害中最为严重的事故。静电造成爆炸或火灾事故情况在石油、化工、橡胶、造纸印刷、粉末加工等行业中较为严重。

（2）静电电击

静电电击，不会达到致命的程度，但是静电的冲击能使人失去平衡，发生坠落、摔伤，造成二次伤害。

（3）妨碍生产

生产过程中如不清除静电，往往会妨碍生产或降低产品质量，如筛孔堵塞、纺织纱线纠结、印刷品的字迹深浅不均等。放电电流导致半导体元件及电子元件损毁或误动作，导致照相胶片感光而报废等。

2. 现场消除静电措施

要控制人体静电，最有效的措施是让人体不与地相"连接"，即"接地"。人要穿上静电防护服，包括防静电手套、鞋袜等。地面也要是防静电的，可以用防静电地垫、地板等接地。

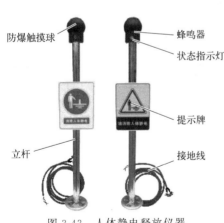

图 3-43　人体静电释放仪器

在进入需要防静电的危险场所时，应先释放或消除静电。释放方法是工作人员进入危险场所时，首先摘除手套，然后按下人体静电释放报警仪的防爆触摸球如图 3-43，直到报警仪显示安全状态，方可进入作业区域。

其作用原理为通过设计合理的人体静电释放电阻，合理有效控制人体静电释放，延长人体静电释放时间，降低瞬间人体静电释放能量，能够使人体静电安全释放。同时能检测人体与静电触摸球接触是否可靠，声光报警提示静电消除是否完全。

二、甲醇合成工段停电事故现象

上位机电源故障报警（图 3-44），动设备停止运转。

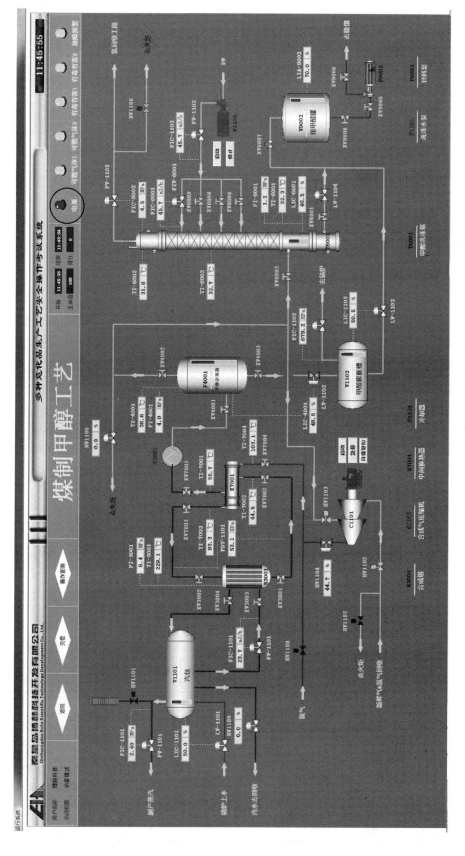

图 3-44　DCS 动力电故障报警器报警

熟悉甲醇合成工段停电事故处理方法。

1. 事故预警

内操首先发现 DCS 动力电故障报警器报警,向班长汇报。

[I]—报告班长,DCS 动力电故障报警器报警,原因不明。

2. 事故确认

班长通知外操去现场查看。

[M]—收到!请外操进行现场查看。

3. 事故汇报

外操进入装置区首先需要消除静电。外操发现合成工段动设备停止运转,向班长汇报。汇报要点包括:出事工段(合成工段),事故设备(动设备),事故现象(动力电故障),人员受伤情况(无人员伤亡),现场状况是否可控(可控)。

[P]—收到!报告班长合成工段动设备停止运转,发生动力电故障,暂无人员伤亡,初步判断可控。

4. 启动预案及事故判断

班长根据外操汇报,通知内操外操启动合成工段停电应急预案,并向调度室汇报。

[M]—收到!内操外操注意!立即启动合成工段停电应急预案。

[M]—报告调度室,合成工段发生动力电故障,已启动停电应急预案。

[I]—软件事故选择:甲醇合成工段停电事故。

5. 事故处理

注:[I]——内操;[M]——班长;[P]——外操。操作步骤如表 3-45 所示。

表 3-45　事故处理步骤

序号	操作步骤
1	[I]—关闭合成气切断阀 HV1102
2	[I]—开启合成气放空阀 HV1107
3	[I]—按合成气紧急停车按钮
4	[I]—关闭合成气压缩机入口控制阀 HV1103
5	[I]—将合成气压缩机出口控制阀 HV1104 调成手动并关闭
6	[I]—开启去火炬放空阀 HV1105,开度设置为 35%
7	[P]—关闭 XV6003
8	[I]—当压力(PI3001)到达 0.5MPa 时,开启氮气切断阀 HV1108
9	[I]—将 LV1102 调成手动并满开

序号	操作步骤
10	[I]—当甲醇分离器液位为 5％以下时关闭 LV1102
11	[P]—关闭分离器底阀 XV4003
12	[I]—洗涤水进料阀 FV1102 调成手动并关闭
13	[I]—关闭洗涤水泵 P1101
14	[I]—将水洗塔塔顶出料控制阀 PV1103 调成手动并关闭
15	[I]—将水洗塔塔底出料控制阀 LV1104 调成手动并关闭
16	[P]—关闭 XV9005
17	[P]—关闭 XV9006
18	[P]—关闭 XV9008
19	[I]—当合成塔温度达到 210℃左右后关闭 HV1105

6. 事故处理完成向调度室汇报，并恢复现场

① 班长报告调度室，事故处理完毕，请求恢复现场。

② 对现场进行恢复。

考核评分表如表 3-46。

表 3-46　停电事故考核评分表

考核内容	考核项目(煤制甲醇工艺)	评分标准	评分结果		配分	得分	备注
事故预警	关键词:报警器报警	汇报内容未包含关键词,本项不得分	是□	否□	3		
事故确认	关键词:现场查看	汇报内容未包含关键词,本项不得分	是□	否□	3		
事故汇报	关键词:合成工段	汇报内容未包含关键词,本项不得分	是□	否□	3		
	关键词:动设备	汇报内容未包含关键词,本项不得分	是□	否□	3		
	关键词:动力电故障	汇报内容未包含关键词,本项不得分	是□	否□	2		
	关键词:无人员伤亡	汇报内容未包含关键词,本项不得分	是□	否□	2		
	关键词:可控	汇报内容未包含关键词,本项不得分	是□	否□	2		
启动预案	关键词:停电应急预案	汇报内容未包含关键词,本项不得分	是□	否□	5		
汇报调度室	关键词:报告调度室	汇报内容未包含关键词,本项不得分	是□	否□	2		
	关键词:合成工段/动力电故障/停电应急预案	汇报内容未包含关键词,本项不得分	是□	否□	2		
汇报调度室处理完成	完成后向裁判汇报	汇报裁判	是□	否□	5		

考核内容	考核项目(煤制甲醇工艺)	评分标准	评分结果		配分	得分	备注
DCS 系统评分	事故选择	评分标准为：未选择,本项不得分	是□	否□	10		
	HV1102	关闭	是□	否□	3		
	HV1107	开启	是□	否□	3		
	合成气压缩机	急停	是□	否□	3		
	HV1103	关闭	是□	否□	3		
	HV1104	手动关闭	是□	否□	3		
	HV1105	35％	是□	否□	3		
	XV6003	关闭	是□	否□	3		
	HV1108	开启	是□	否□	3		
	LV1102	手动满开	是□	否□	3		
	LV1102	关闭	是□	否□	3		
	XV4003	关闭	是□	否□	3		
	FV1102	手动关闭	是□	否□	3		
	P1101	关闭	是□	否□	3		
	PV1103	手动关闭	是□	否□	3		
	LV1104	手动关闭	是□	否□	3		
	XV9005	关闭	是□	否□	3		
	XV9006	关闭	是□	否□	3		
	XV9008	关闭	是□	否□	3		
	HV1105	关闭	是□	否□	4		
合计							

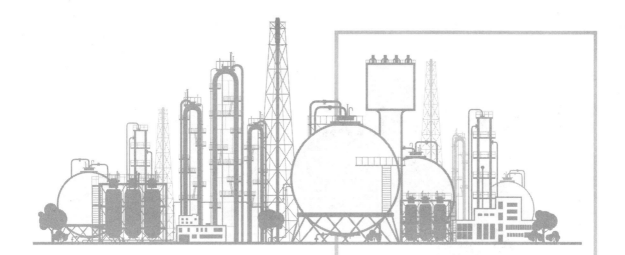

模块四

化工企业生产应急处理

项目一
化工企业生产认知

1. 对化学工程专业及绿色化工理念建立初步的认识；
2. 能辨识化工生产中的危险有害因素；
3. 树立化工安全的意识。

任务一　化工企业认知

利用"现代化工厂"VR版漫游系统，将实际化工工艺的生产流程操作通过三维虚拟现实的形式形象逼真地展现出来，通过体验，对化学工程专业及绿色化工理念建立初步的认识，并改变了过往传统的对化工厂高污染、高能耗、高危险、以手工体力劳动为主的误解。

案例导引

随着信息技术和智能化革命的深入，特别是互联网技术在制造业的广泛应用，对制造业创新、组织结构、生产模式等方面产生了积极的推动作用，此外也对其提出了新的要求。图4-1的几张图片向我们展示了现代化工厂，通过本任务的实施，我们会对现代化工企业有更加深入的认识。

图 4-1　现代化工厂

VR 操作系统认知如下：

1. 装置

以南京某真实苯胺生产装置为原型，按 1∶1 比例进行 3D 建模（图 4-2）；设备摆放、道路设置均符合规范要求，不同的物流管线用不同的颜色表示。

图 4-2　厂区总览图

2. 主要设备

硝基苯预热器，硝基苯汽化器，氢气换热器，氢气冷却器，粗苯胺冷却器，脱水塔冷凝器，脱水塔再沸器，精馏塔冷凝器，精馏塔再沸器，旋风分离器，热水循环泵，废水泵，脱水塔进料泵，精馏塔回流泵，流化床反应器，苯胺脱水塔，苯胺精馏塔，废热汽包，催化剂罐，粗苯胺中间罐，苯胺，水分离器，废水储罐，粗苯胺罐，精馏塔回流罐，苯胺成品罐等。

3. 系统功能

（1）菜单按钮

左手手柄上的按钮按下后弹出或关闭"场景选择"菜单，通过此菜单，操作者可以选择浏览各个讲解点的内容；右手手柄按下后继续播放 NPC 的下一段语音（如果有未播放完毕的语音的话），或关闭当前打开的公告面板。

（2）触控板

左手按下后显示绿色曲线（可轻挥手臂调整远近高低），松手后人物瞬移到曲线前端的投影区；右手按下后显示绿色直线，松手后人物瞬移到直线前端。

（3）扳机

右手手柄接触"场景选择"菜单后，接触到的菜单项会变色，此时按下右手手柄上的扳机，代表选中该场景；当在中控室中拿起遥控器后，右手扳机可以播放或暂停当前视频，左手扳机循环切换下一段视频。

（4）手柄按钮

通过右手手柄按钮，可以拿起或放下中控室桌面上的遥控器；选中安全间中的防护用具（佩戴到 NPC 身上）。

（5）重置

同时按下右手触控板和扳机，重置该场景至初始位置，将任意漫游到别处的学员返回 NPC 身旁。

活动：体验走进化工厂 VR 系统，具体流程见表 4-1。

表 4-1 化工厂 VR 系统体验流程

序号	地点	讲解内容	交互动作与特效
1	办公区小花园旁	欢迎词	交谈、带路
2	中控室内	了解石化产业链、DCS 和物联网概念，体验自动化生产过程	观看 DCS、物联网、石化产业链视频，带路
3	安全工作间内	建立安全生产的意识	佩戴安全护具，带路
4	反应器旁	资源循环利用、节能、原子经济性、安全生产等概念	观看 2 个公告板，设备管线闪烁，带路
5	精馏塔旁	生产连续、自动化进行，安全环保	设备管线闪烁，带路

序号	地点	讲解内容	交互动作与特效
6	废气装置旁	废气无害化处理	设备管线闪烁,带路
7	产品罐区旁	安全、环保措施	设备管线闪烁,带路
8	小花园	送别词	交谈

任务二　企业生产认知

化工生产具有易燃、易爆、易中毒、高温、高压、有腐蚀等特点。因而,较其他工业部门有更大的危险性。本任务基于 VR 系统,可以有效学习各种安全知识、应急逃生技能。通过全程语音提示和高亮引导,可以置身于逼真的情境中,提高体验者的学习兴趣,更好地自主学习。

案例导引

原化工部为了防止事故的发生,总结了以往的事故教训,制定了《生产区内 14 个不准》,要求每一个化工企业必须把生产区的安全管理作为企业安全工作的重点来抓,每一个在生产区内从事生产活动的人员必须明确生产区和非生产区的严格区别,进入生产区的人员必须明白各项安全要求,认真学习 14 个不准的禁令,熟悉条文,严格遵守。

《生产区内 14 个不准》包括:

1. 加强明火管理,厂区内不准吸烟。

2. 生产区内,不准未成年人进入。

3. 上班时间,不准睡觉、干私活、离岗和干与生产无关的事。

4. 在班前、班上不准喝酒。

5. 不准使用汽油等易燃液体擦洗设备、用具和衣物。

6. 不按规定穿戴劳动保护用品,不准进入生产岗位。

7. 安全装置不齐全的设备不准使用。

8. 不是自己分管的设备、工具不准动用。

9. 检修设备时安全措施不落实,不准开始检修。

10. 停机检修后的设备,未经彻底检查,不准启用。

11. 未办高处作业证,不系安全带、脚手架、跳板不牢,不准登高作业。

12. 石棉瓦上未固定好跳板,不准作业。

13. 未安装触电保安器的移动式电动工具,不准使用。

14. 未取得安全作业证的职工,不准独立作业;特殊工种职工,未经取证,不准作业。

化工行业具有不同于其他行业的特点,作为化工行业从业人员,更应牢牢树立安全意识。

一、化工生产的特点

① 化工生产使用的原料、半成品和成品种类繁多，大部分是易燃、易爆、有毒害、有腐蚀的危险化学品。这给生产中的这些原材料、燃料、中间产品和成品的储存和运输都提出了特殊的要求。

② 化工生产要求的工艺条件苛刻。有些化学反应在高温、高压下进行，有的要在低温、高真空度下进行。

③ 生产规模大型化。近 20 多年来，国际上化工生产采用大型生产装置是一个明显的趋势。采用大型装置可以明显降低单位产品的建设投资和生产成本，提高劳动生产能力，降低能耗。因此，世界各国都积极发展大型化工生产装置。但大型化会带来重大的潜在危险性。

④ 生产方式的高度自动化与连续化。化工生产已经从过去落后的手工操作、间断生产转变为高度自动化、连续化生产；生产设备由敞开式变为密闭式；生产装置从室内走向露天；生产操作由分散控制变为集中控制，同时，也由人工手动操作变为仪表自动操作，进而又发展为计算机控制。连续化与自动化生产是大型化的必然结果，但控制设备也有一定的故障率。

正因为化工生产具有以上特点，安全生产在化工行业就更为重要。统计资料表明，在工业企业发生的爆炸事故中，化工企业占了 1/3。此外，化工生产中，不可避免地要接触有毒有害的化学物质，化工行业职业病发生率明显高于其他行业。

二、化工生产的危险因素

化工生产的特点也使其面临着更复杂的危险因素。

1. 工厂选址方面

① 易遭受地震、洪水、暴风雨等自然灾害；

② 受水源不足、地质状况限制；

③ 缺少公共消防设施的支援；

④ 受高湿度、温度变化等气候影响显著；

⑤ 受邻近危险性大的工业装置影响；

⑥ 受邻近公路、铁路、机场等运输设施影响；

⑦ 在紧急状态下难以把人和车辆疏散至安全地。

2. 工厂布局

① 工艺设备和储存设备过于密集；

② 有显著危险性和无危险性的工艺装置间的安全距离不够；

③ 昂贵设备过于集中；

④ 对不能替换的装置没有有效的防护；

⑤ 锅炉、加热器等火源与可燃物工艺装置之间的距离太小；

⑥ 有地形障碍。

3. 结构

① 支撑物、门、墙等防火等级不够；

② 电气设备无防护措施；

③ 防爆通风换气能力不足；

④ 安全控制指示不明；

⑤ 装置本身存在缺陷。

4. 对加工物质的危险性认识不足

① 装置中原料混合，在催化剂作用下自然分解；

② 对处理的气体、粉尘等在其工艺条件下的爆炸范围不明确；

③ 没有掌握因误操作、控制不良而使工艺过程处于不正常状态时的物料和产品的详细情况，无法做出正确的判断。

5. 化工工艺

① 没有足够的有关化学反应的动力学数据；

② 对有危险的副反应认识不足；

③ 没有根据热力学研究确定爆炸能量；

④ 对工艺异常情况检测不够。

6. 物料输送

① 各种单元操作时对物料流动不能进行良好控制；

② 产品的标识不完全；

③ 风送装置内粉尘进入爆炸极限；

④ 废气、废水和废渣处理不当。

7. 误操作

① 忽略运转和维修的操作教育；

② 没有发挥管理人员的监督作用；

③ 开车、停车计划不当；

④ 缺乏紧急停车的操作训练；

⑤ 没有建立操作人员和安全人员之间的协作机制。

8. 设备缺陷

① 装置腐蚀、损坏；

② 缺少可靠的控制仪表等；

③ 材料疲劳；

④ 对金属材料没有进行充分的无损探伤检查；

⑤ 结构上有缺陷不能停车而无法定期检查或进行维修；

⑥ 设备在超过设计工艺条件下运行；

⑦ 没有解决运转中存在的问题；

⑧ 没有连续记录温度、压力、开停车情况及中间罐和受压罐内的压力变动。

9. 防护计划不周密

① 没有得到地方应急管理部门的大力支持；

② 安全生产责任分工不明确；

③ 装置运行异常或故障仅由安全部门负责监督；

④ 没有应急管理的成套措施，即使有，操作性也不强；

⑤ 没有实行设备管理部门和生产部门共同进行的定期安全检查；

⑥ 没有对生产负责人和技术人员进行安全教育和防灾培训。

活动：体验实验室安全 VR 系统和精馏车间 VR 系统。

一、实验室安全 VR 系统认知

实验室安全 VR 系统（图 4-3）设置的实验背景为苯、甲苯蒸馏实验。苯、甲苯试剂均为易燃、有毒液体，蒸馏实验又为常规化学实验科目，涉及的火灾爆炸、电气安全、个人防护、事故救护等均为实验室常见类型，实现情境的选择具有通用性。

图 4-3　实验室安全 VR 系统场景截图

实验室安全 VR 系统软件部分内涵丰富，通过安全防护用品选用、安全设施的使用、灭火逃生、隐患识别与处理三大模块的学习，能够掌握化学实验室基本安全管理内容与应急逃生方法。

二、实验室安全 VR 系统的主要内容

① 实验室安全守则及应急预案的学习；

② 化学实验室劳保着装基本要求；

③ 学习使用安全设备设施；

④ 不同物质的灭火要求；

⑤ 火灾事故应急处置方法；

⑥ 实验室应急逃生处置方法；

⑦ 腐蚀性试剂的处理；

⑧ 实验室内禁止饮食；

⑨ 有毒试剂的管理；

⑩ 通风橱的使用；

⑪ 实验室禁止存放易燃杂物；

⑫ 禁止堵塞应急通道和消防设施；

⑬ 化学废物的分类管理。

三、精馏车间 VR 虚拟体验系统

精馏车间 VR 虚拟培训项目应该包含安全隐患排除和现场作业应急处置等培训项目。

1. 隐患排除培训项目

① 冷却水供应不足事故；

② 长时间停电；

③ 原料中断事故；

④ 停蒸汽；

⑤ 回流中断。

2. 应急处置培训项目

① 回流罐切水阀法兰泄漏着火应急处置；

② 机械密封泄漏着火应急处置；

③ 塔釜出口法兰泄漏应急处置。

项目二
企业生产应急预案与应急处理

1. 知道化工企业生产应急预案的内容；
2. 清楚面对化工生产中突发事件应急处置的程序；
3. 能针对某一突发事件编写简单的应急预案。

任务一　企业生产应急预案

在化工生产过程中，为了降低风险、减少伤亡，除了要遵守法律法规，加强日常管理以外，还应该做的一项重要工作就是建立应急管理体系，并进行应急预案的编制。

案例导引

2007年7月29日，三门峡市陕县支建煤矿东风井出现强降雨过程，引发矿区铁炉沟河形成洪水，经露天铝土矿坑和矿井老巷渗入井下，冲垮三道密闭，导致巷道被淹，69人被困井下。事故发生后，支建煤矿、中铝矿业分公司和当地政府立即组织抢险自救。国家安全监管总局29日接到事故报告后，立即启动应急预案，组织排水营救。国务院领导立即做出重要批示，提出明确要求。国家安全监管总局、国家煤矿安监局、河南省委省政府主要负责同志迅速赶赴现场，组织协调抢险救援工作。经过各方努力，通过76h的艰苦奋战，克服困难，排除险情，最终取得了救援成功，69名被困矿工全部获救。

可见，合理完善的应急预案能最大限度地减少人员伤亡和财产损失，把事故危害降到最低。

一、应急预案概念

应急预案是针对具体设备、设施、场所和环境，在安全评价的基础上，为降低事故造成的人身、财产与环境损失，就事故发生后的应急救援机构和人员，应急救援的设备、设施、条件和环境，行动的步骤和纲领，控制事故发展的方法和程序等，预先做出的科学而有效的计划和安排。

二、应急预案基本内容

1. 应急救援机构及其职责
① 明确应急救援机构、参加单位、人员及其作用；
② 明确应急反应总负责人、参加单位、人员及其作用；
③ 列出本区域以外能提供援助的有关机构；
④ 明确政府和企业在事故应急中各自的职责。

2. 危害辨识与风险评价
① 确认可能发生的事故类型、地点；
② 确定事故影响范围及可能影响的人数；
③ 按所需应急反应的级别，划分事故严重程度。

3. 通告程序和报警系统
① 确定报警系统及程序；
② 确定现场 24h 的通告、报警方式，如电话、报警器等；
③ 确定 24h 与政府主管部门的通信、联络方式，以便应急指挥和疏散居民；
④ 明确相互认可的通告、报警形式和内容（避免误解）；
⑤ 明确应急反应人员向外求援的方式；
⑥ 向公众明确报警的标准、方式、信号等；
⑦ 明确应急反应指挥中心有关人员理解并对应急警报做出反应。

4. 应急设备与设施
① 明确可用于应急救援的设施，如办公室、通信设备、应急物资等；
② 列出有关部门，如企业现场、武警、消防、卫生、防疫等部门可用的应急设备；
③ 描述与有关医疗机构的关系，如急救站、医院、救援队等；
④ 列出可用的个体防护装备（如呼吸器、防护服等）；
⑤ 描述可用的危险监测设备；
⑥ 列出与有关机构签订的互助协议。

5. 应急能力评价与资源
① 明确决定各项应急事件的危险程度的负责人；
② 描述评价危险程度的程序；

③ 描述评估小组的能力；

④ 描述评价危险所使用的监测设备；

⑤ 确定外援的专业人员。

6. 事故应急程序与行动方案

7. 保护措施程序

① 明确可授权发布疏散居民指令的负责人；

② 描述决定是否采取保护措施的程序；

③ 明确负责执行和核实疏散居民（包括通告、运输、交通管制、警戒）的机构；

④ 描述对特殊设施和人群（如学校、幼儿园、残疾人等）的安全保护措施；

⑤ 描述疏散居民的接收中心或避难所；

⑥ 描述决定终止保护措施的方法。

8. 事故后的恢复程序

① 明确决定终止应急，恢复正常秩序的负责人；

② 描述确保不会发生未授权而进入事故现场的措施；

③ 描述宣布应急取消的程序；

④ 描述恢复正常状态的程序；

⑤ 确定连续检测受影响区域的方法；

⑥ 描述调查、记录、评估应急反应的方法。

9. 培训与演练

① 对应急人员进行培训，并确保合格者上岗；

② 描述每年培训、演练计划；

③ 描述定期检查应急预案的情况；

④ 描述通信系统检测频度和程度；

⑤ 描述进行公众通告测试的频度和程度并评价其效果；

⑥ 描述对现场应急人员进行培训和更新安全宣传材料的频度和程度。

阅读并分析以下案例：

2006 年 5 月 3 日，某县一化工厂氨气管道发生泄漏，3 名员工中毒。在事故调查时，厂长说："因管道腐蚀造成氨气泄漏，为不影响生产，厂里组织了几次在线堵漏，但未成功，于是准备停车修补。"生产副厂长说："紧急停车过程中，员工甲未按规定程序操作，导致管道压力骤增、氨气泄漏量增大，采取补救措施无效后，通知撤离，但因撤离方向错误，致使包括甲在内的现场 3 名员工中毒。"

员工甲说："发现泄漏后没多想，也没戴防护面具就进行处理，再说厂内的防护面具很少而且很旧了，未必好用。"

员工乙说："当时我是闻到气味，感觉不对才跑的，可能是慌乱中跑的方向不对，以前没人告诉过什么情况下该往哪跑、如何防护，现在才知道厂里有事故应急救援预案。"

请分析：结合此次氨气泄漏事故，你认为该类应急救援预案中人员紧急疏散、撤离方面应包括哪些内容？

任务二　企业生产应急处理

由于化工生产的特点，化工事故的诱发因素千差万别，在化工生产过程中极易出现突发事件，在突发事故出现后，要有秩序地按照应急预案，迅速采取措施，组织救援处理工作，减少损失，防止事故蔓延、扩大。

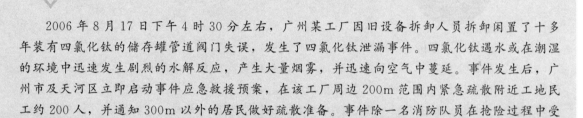

案例导引

2006 年 8 月 17 日下午 4 时 30 分左右，广州某工厂因旧设备拆卸人员拆卸闲置了十多年装有四氯化钛的储存罐管道阀门失误，发生了四氯化钛泄漏事件。四氯化钛遇水或在潮湿的环境中迅速发生剧烈的水解反应，产生大量烟雾，并迅速向空气中蔓延。事件发生后，广州市及天河区立即启动事件应急救援预案，在该工厂周边 200m 范围内紧急疏散附近工地民工约 200 人，并通知 300m 以外的居民做好疏散准备。事件除一名消防队员在抢险过程中受伤送医院治疗外，未有其他人员伤亡和损害。

请谈一谈你从这个事故的处理过程中得到哪些启发？

应急处置是为了预防和控制潜在的事故或紧急情况发生时，做出应急准备和响应，最大限度地减轻可能产生的事故后果。

应急处置的程序：

1. 信息报告

重大突发事故发生后，各事发源的第一目击者必须立即报告有关部门领导，最迟不得超过 10min，同时报告专职人员和专业部门。应急处置过程中，要及时续报有关情况。

2. 先期处置

突发事故发生后，事发源的现场人员与增援的应急人员在报告重大突发事故信息的同时，要根据职责和规定的权限启动相关应急预案，及时、有效地进行先期处置，控制事态的蔓延。

3. 应急响应

① 对于先期处置未能有效控制事态发展的重大突发事故，要及时启动相关预案，由相关应急指挥机构或工作组统一指挥或指导有关部门开展应急处置工作。

② 现场应急指挥机构负责现场的应急处置工作，并根据需要具体协调、调集相应的安

全防护装备。现场应急救援人员应携带相应的专业防护装备，采取安全防护措施，严格执行应急救援人员进入和离开事故现场的相关规定。

③ 需要多个相关部门共同参与处置的突发事故，由该类突发事故的业务主管部门牵头统一指挥，其他部门予以协助。

④ 应急救援队伍主要包括特种设备应急救援队、机械伤害应急救援队、消防队等。

4. 应急结束

重大突发事故应急处置工作结束，或者相关危险因素消除后，现场应急指挥机构予以撤销，宣布恢复正常工作。

阅读并分析以下案例：

某化工集团公司在其下属甲企业进行了应急救援实战演练，演练地点设在甲企业的液氨储罐区。为保障演习人员、控制人员、模拟人员、评价人员和观摩人员的安全，集团公司事先调用其他下属企业的空气呼吸器、防毒面具、防爆型无线对讲机、检测仪器，以及消防水罐车、泡沫车和救护车辆。随后，演练按照事先制订的演练计划进行。该计划设计的演练内容为：打开液氨储罐阀门，将液氨排到储罐的围堰内；参演人员在规定的时间内关闭阀门，将围堰内的液氨进行安全处置；救出模拟中毒人员。演练顺利结束后进行了演练总结。

2018年7月8日，某液氨罐车在甲企业液氨储罐区灌装场地进行液氨灌装，灌装基本结束时，液氨连接导管突然破裂，大量液氨泄漏。驾驶员吩咐押运员立即关闭灌装区的紧急切断阀，自己迅速赶到罐车尾部，对罐车的紧急切断装置采取关闭措施，同时与甲企业值班人员联系并打电话报警。

接到报警后，应急管理、公安等部门及县委、县政府主要领导先后赶到现场，成立救援专业组，及时组织事故应急救援工作，同时对周围群众进行疏散、撤离。

消防人员将液氨罐车2个制动阀门和1个灌装截止阀关闭。由于液氨罐车上的紧急切断装置失灵，使液氨泄漏扩大，但并未发生爆炸。事故发生后，灌装区的紧急切断阀很快被关闭，防止了液氨储槽中液氨的继续泄漏。

请分析：

1. 发生液氨泄漏事故后的应急救援程序是怎样的？

2. 针对本案例中的液氨泄漏事故，应采取的应急处理措施有哪些？

参 考 文 献

[1]　刘景良 . 化工安全技术 . 4 版 . 北京：化学工业出版社，2019.

[2]　齐向阳，王树国 . 化工安全技术 . 3 版 . 北京：化学工业出版社，2021.

[3]　智恒平 . 化工安全与环保 . 2 版 . 北京：化学工业出版社，2008.

[4]　孙士铸，刘德志 . 化工安全技术 . 北京：化学工业出版社，2019.

[5]　韩宗，刘德志，史焕地 . 化工 HSE. 北京：化学工业出版社，2021.

[6]　苗金明 . 事故应急救援与处置 . 2 版 . 北京：清华大学出版社，2022.

[7]　孙莉莎，贾丽 . 生产安全事故应急救援与自救 . 北京：中国劳动社会保障出版社，2018.